食品分析与检测实训手册

冯方洪　主　编

俞俊杰
李仕山　副主编

中国轻工业出版社 全国百佳图书出版单位

图书在版编目（CIP）数据

食品分析与检测实训手册/冯方洪主编. —北京：
中国轻工业出版社，2015.4
国家中等职业教育改革发展示范学校建设教材
ISBN 978-7-5184-0435-3

Ⅰ . ①食… Ⅱ . ①冯… Ⅲ . ①食品分析 – 中等
专业学校 – 教材②食品检验 – 中等专业学校 – 教材 Ⅳ.
①TS207. 3

中国版本图书馆 CIP 数据核字（2015）第 046951 号

责任编辑：张　靓　　　责任终审：劳国强　　整体设计：锋尚设计
责任校对：吴大鹏　　　责任监印：张　可

出版发行：中国轻工业出版社（北京东长安街 6 号，邮编：100740）
印　　刷：三河市万龙印装有限公司
经　　销：各地新华书店
版　　次：2015 年 4 月第 1 版第 1 次印刷
开　　本：720×1000　1/16　印张：9.5
字　　数：170 千字
书　　号：ISBN 978-7-5184-0435-3　　定价：24.00 元
邮购电话：010-65241695　传真：65128352
发行电话：010-85119835　85119793　传真：85113293
网　　址：http://www.chlip.com.cn
Email：club@ chlip.com.cn
如发现图书残缺请直接与我社邮购联系调换
141888J3X101ZBW

编委会

　　本教材是根据中等职业学校食品类专业食品分析教学大纲的要求，结合中等职业学校食品专业的特点编写而成。本教材充分考虑我国中等专业学校学生的现状和实际水平，理论深度上适当降低，以实用、够用为准。教材内容编写联系行业实际，注重现在企业常用的检测方法、技能的应用，突出实用性和应用性，重视培养上岗就业所需的基础知识和实际操作能力。为使本教材适应时代发展要求，以最新食品分析国家标准为依据，内容上力求使学生能够比较完整掌握食品的理化分析检验技术，根据食品质量标准较好地完成食品理化分析与检验工作。

　　本教材主要引导读者学习食品分析的一般程序、方法、技能，掌握食品一般成分检测、常用食品添加剂检测、有毒有害物质检测、微量元素检测的方法以及简单介绍农产品品质、农产品保鲜与加工质量安全及管理的知识。教材内容编排从食品专业知识、专业技能和实际操作入手，采用必要的检测实例进行教学，浅显易懂、实用性强。

　　本教材由海南省经济技术学校老师编写，冯方洪任主编并统筹设计，具体编写分工如下：冯方洪编写项目二、项目三、项目四、项目五；俞俊杰编写绪论和项目一；李仕山编写项目六、项目七。

　　食品分析与检测的新方法、新技术、新标准更新迅速，由于编者水平和经验有限，教材中难免存在不妥之处，敬请同行专家和广大读者批评指正。

编者

目 录
contents

绪　　论

随着人们生活水平的提高，食品除了提供人类生存所需要的各种营养素和能量外，还必须满足人们对食品质量的要求。食品的品质、食用的安全性、可口性和感官品质是决定人们对食品的喜好，它与食品所含有的营养素、有害物质、添加剂和感官有关。因此，需要对食品进行全面的分析才能给出准确的评价。

（一）　食品分析的研究任务

食品分析是食品检验专业的专业课程之一，是应用物理、化学、生物学等学科的基本理论及各种科学技术，对各类食品组成成分的测定方法及有关理论进行研究的一门技术性学科。也是研究和评定食品品质并保障食品安全的一门科学，其主要任务是：

（1）依据物理、化学、生物学的一些基本理论，运用各种技术手段，按照制订的各类食品的技术标准，对加工过程的原料、辅料、半成品和成品进行质量检验，以保证生产出质量合格的产品。

（2）指导生产和研发部门改革生产工艺、改进产品质量以及研发新一代食品，提供其原料和添加剂等物料准确含量数据，研究它们对研发产品加工性能、品质、安全性的影响，确保新产品的优质和食用安全。

（3）对产品在贮藏、销售过程中，食品的品质、安全及其变化进行全程监控，以保证产品质量，避免产品产生可能对人类食用的危害。

（二）　食品分析的研究内容

由于食品的种类繁多、组成复杂、分析的目的不同、项目各异，测定方法又多种多样，故食品分析的研究范围很广泛，主要包括下述四个方面。

1. 食品的感官鉴定

食品的感官特征，历来都是食品的重要质量指标，随着人民生活水平、消费水平的提高，对食品的色、香、味、外观、组织状态、口感等感官印象也提出了更高的要求。故在食品分析中，感官鉴定项目占有重要地位。国家标准对各类食品都制定有相应的感官指标。

2. 食品营养成分分析

食品是人类生存的要素之一。人类为了维持生命和健康，保证生产活动的正常进行，每天都必须从各种食品中摄取足量的、人体所需的营养成分。食品的营养素按照目前新的分类方法，包括宏量营养素、功能性活性成分、微量营养素其他膳食成分。

（1）宏量营养素　蛋白质、脂类、糖类。

（2）功能性活性成分　活性多糖、多酚、多肽等。

（3）微量营养素　维生素（包括脂溶性维生素和水溶性维生素）、矿物质（包括常量元素和微量元素）。

（4）其他膳食成分　膳食纤维、水及植物源食物中的非营养素类物质。

上述这些物质是决定食品品质和营养价值的主要指标，其分析方法是食品分析的主要研究内容。

3. 食品添加剂的分析

食品生产加工过程中，为了改善食品品质及感官性状（色、香、味），延长食品的保存期，便于食品加工和增强食品营养成分，往往需加入一些食品用的添加剂，这些食品添加剂有些是化学合成的，有些是天然物质，有些具有一定的毒性。各国对食品添加剂的种类、质量指标、用途、限量等都有明确的法典规定。根据我国国情，我国亦颁布了《中华人们共和国食品安全法》和GB 2760—2011《食品安全国家标准　食品添加剂使用标准》。所有食品生产加工企业和单位必须严格遵守。因此，对食品添加剂的鉴定和检测，是食品分析的重要内容之一。

4. 食品中有害污染物质的分析

食品中有害物质来源于污染。食品污染主要来源于两个方面：一是原材料受产地空气、土壤、水源、农药、肥料等环境的污染；二是食品加工、贮藏、包装、销售过程中的污染。因此，保持良好的产地生态环境和良好的加工、贮藏、包装、销售过程是防止食品污染的重要措施。

食品的污染就其性质来说，可归纳为生物性污染和化学性污染。生物性污染是指微生物污染（主要是有毒霉菌污染）。化学性污染包括农药残留、兽药残留、重金属、来源于包装材料的有害物质等，化学性污染有时也来源于食品贮藏和加工过程中所用的材料和可能产生的有害物质，如熏烤或油炸加工过程中可能产生的致癌物质、贮藏过程中产生的黄曲霉毒素等。因此，食品分析中有害物质分析通常包括以下内容：

（1）农药残留　有机磷农药、有机氯农药等。

（2）兽药残留　抗生素、磺胺、呋喃、丙硫咪唑和激素类药物等。

（3）有害化学元素　砷、汞、铅、镉等。

（4）其他有害物质　黄曲霉毒素、多氯联苯等。

（5）微生物检测。

食品中有害物质直接威胁着人民的健康。为了食品的安全，各国政府均制定出严格的食品卫生标准和卫生法规，对食品中的有害物质的允许量作了明确的规定。同时，对各种食品中有害物质的测定制定出标准测定方法，各生产和销售单位必须严格遵守。

（三）食品分析的分析方法

食品分析的分析方法主要有化学分析法、仪器分析法、微生物分析法和生物鉴定法等。

（1）化学分析法　化学分析法是以物质的化学反应为基础的分析方法。它是一种历史悠久的分析方法。在国家颁布的很多食品标准测定方法或推荐的方法中，都采用化学分析法。有时为了保证仪器分析方法的准确度和精密度，往往用化学分析方法的测定结果进行对照。因此，化学分析法仍然是食品分析的最基本、最重要的分析方法。

（2）仪器分析法　仪器分析法是目前发展较快的分析技术，它是以物质的物理、化学性质为基础的分析方法。它具有分析速度快、一次可测定多种组分、减少人为误差、自动化程度高等特点。目前已有多种专用的自动测定仪。如对蛋白质、脂肪、糖、纤维、水分等测定的专用红外自动测定仪；牛乳中脂肪、蛋白质、乳糖等多组分测定的全自动牛乳分析仪；氨基酸自动分析仪；用于金属元素测定的原子吸收分光光度计；用于农药残留测定的气相色谱仪；用于多氯联苯测定的气相色谱－质谱联用仪；对黄曲霉毒素测定的薄层扫描仪；用于多种维生素、兽药残留测定的高效液相色谱仪等。

（3）微生物分析法和生物鉴定法　生物鉴定法是近年来兴起的一种品质鉴定新方法，它是利用分子生物学的有关技术与食品的功效有机地联系起来，从而鉴定食品品质与功能的一种方法，为食品质量现代化和质量标准规范化的研究提供了新思路。该法目前尚处于起步阶段，其相关方法和技术在具体实施中还有待于进一步完善。

食品的微生物分析主要是指细菌学的检验，包括真菌及其毒素、食源性病原细菌及其毒素等的检验。经典的方法有固体培养基法、液体培养基发酵法等。由于它所需设备简单，适用范围广，因此是应用最为广泛的方法。近期出现一些新的技术，如食源性病原细菌的酶联免疫吸附检测法、保守序列的标记及其定量检测技术、特异性基因 DNA 芯片快速检验技术以及选择吸附真菌毒素法和血清学快速分析法等方法。这类方法由于操作简便快速，无需贵重仪器与设备，可在检测现场实施，因而近些年来越来越受到人们的重视。

此外，在实际分析工作中，样品的预处理技术和方法如样品溶液的制备技术、被测组分的分离纯化、干扰物质的消除方法以及分析方法的选择等，都与分析结果的准确度和精密度有关，这些技术都是研究方法的内容，都是不可忽略的重要问题。

（四） 食品分析的分析过程

食品分析的分析方法尽管有多种多样，但其完整的分析过程一般可用下列流程图（图0-1）来描述。

(1) 确定分析项目、内容
↓
(2) 科学取样与样品存储
↓
(3) 选择合适的分析技术，建立适当的分析方法
↓
(4) 样品制备
↓
(5) 选择分析方法，进行分析测定，取得分析数据
↓
(6) 分析数据与标准样比较，以校正分析结果
↓
(7) 经数学统计处理，从分析数据中提取有用信息
↓
(8) 将分析结果表达为分析工作者需要的形式
↓
(9) 对分析结果进行解释、研究和应用

图0-1 食品分析流程图

从上述分析过程的流程可见，对食品进行分析首先必须了解待分析样品的性质和分析的目的，明确分析需要取得的信息，以确定采用何种分析技术，制定相应的分析方法（图0-1中1~3项）。然后通过分析，取得分析样品需要的原始分析信息（图0-1中4~5项），根据原始分析数据，提取有价值的信息，进行数学处理，提供分析结果以及对分析结果进行解释、研究和利用（图0-1中6~9项）。

(五) 食品分析技术用语的基本规定

1. 配制溶液所用水

本书中使用的水，用于配制溶液时，系指纯度能满足分析要求的蒸馏水或离子交换水。用于配制高效液相色谱流动相和标准溶液时，系指二次蒸馏水。

2. 配制溶液的试剂

(1) 配制一般提取溶液或一般试液，用化学纯以上的试剂。

(2) 配制标准溶液的试剂，尽可能用优级纯或基准级试剂。如没有优级纯或基准级试剂时，可用分析纯试剂，但要注意分析纯试剂的含量是否是100%，否则需要乘以系数加以校正。

(3) 溶液未指明用何种溶剂配制时，均指用水配制。

3. 溶液浓度

(1) 物质的量浓度 是表示 1L 溶液中含有溶质的物质的量，用符号 mol/L 表示。

(2) 液体组分溶液 系指各组分液体体积比。如乙醇 – 丙酮 – 水 (20:10:30) 系指 20 体积的乙醇、10 体积的丙酮和 30 体积的水混合而成的溶液。

(3) 体积百分浓度 系指 100mL 溶液中含液体溶质的体积 (mL)。如 20% 的乙醇溶液，系指 20mL 乙醇溶于水中，并用水稀释至 100mL。

(4) 质量体积百分浓度 系指 100mL 溶液中所含固体溶质的质量 (g)。如 20% 氢氧化钠溶液系指 20g 氢氧化钠溶于水中，并用水稀释到 100mL。

4. 测定结果表示形式

(1) 百分含量 (%) 系指每百克 (或每百毫升) 样品中所含被测组分的质量 (g)。

(2) 百万分含量 系指每千克 (或每升) 样品中所含被测组分的质量 (mg)，或指每克 (或每毫升) 样品中所含被测组分的质量 (μg)。

(3) 十亿分含量 系指每千克 (或每升) 样品中所含被测组分的质量 (μg)，或指每克 (每毫升) 样品中所含被测组分的质量 (ng)。

(4) ppm, ppb, ppt ppm 表示百万分之一 (10^{-6})，也可以表示为 mg/kg 或 μg/g。ppb 表示十亿分之一 (10^{-9})，也可以表示为 μg/kg，1ppb = 1/1000ppm。ppt 表示亿万分之一 (10^{-12})，也可以表示为 ng/kg，1ppt = 1/1000ppb。

5. 测定结果试剂与样品的量取

(1) 称取 指要求称量准确至 0.1g。

（2）精密称取　指按规定的数值称取，并准确至0.0001g。

（3）精密称取约多少　指称量数不超过规定量的±10%，且需准确至0.0001g。

（4）量取　指用量筒量取溶液，量取体积应准确至量取体积数的±10%。

（5）吸取及准确吸取　指用容量吸管或适宜的刻度吸管吸取溶液。

6. 基本计量单位名称

基本计量单位名称采用国际单位制。

（1）长度

$1m = 10dm = 100cm$；

$1\mu m = 10^{-6}m$；

$1nm = 10^{-9}m$；

$1Å = 0.1nm = 10^{-10}m$。

（2）质量

$1kg = 1000g$；

$1mg = 10^{-3}g$；

$1\mu g = 10^{-6}g$；

$1ng = 10^{-9}g$；

（3）体积

$1L = 1000mL$；

$1\mu L = 10^{-6}L$。

7. 常用浓酸和氨水的密度和浓度

本书中使用的液体化学试剂，如乙醇、硫酸、盐酸等，在没有注明浓度要求时，系指不经稀释的试剂级浓度（见表0-1）。

表0-1 | 常用浓酸和氨水的密度和浓度

名称	密度/（g/cm³）	浓度/%（质量分数）	物质的量浓度/（mol/L）
乙酸	1.04	36	6.24
冰醋酸	1.05	99.5	17.50
乙醇		95（体积分数）	
硫酸	1.84	95.72	17.91
盐酸	1.19	37.27	12.11
硝酸	1.415	70.39	15.81
磷酸	1.69	85.54	14.75
氨水	0.90	28.67	15.08

项目一
食品样品的准备及数据处理

任务一　样品的采集

（一）　正确采样的意义

样品的采集简称采样（又称检样、取样、抽样等），是为了进行检验而从大量物料中萃取的一定数量具有代表性的样品。在实际工作（食品分析）中，不管是成品，还是未加工的原料，即使是同一种类，由于品种、产地、成熟期、加工贮存、保藏条件的不同，食品中成分及其含量都有相当大的变动。另外要检验的物料常常用量都很大，组成有的很均匀，而有的很不均匀，化验时有的需要几克样品，而有的只需几毫克。分析结果必须能代表全部样品，因此必须采取具有足够代表性的"平均样品"，并将其制备成分析样品，如果采集的样品不具有代表性，那么即使分析方法再正确，也得不到正确的结论。因此，正确采样在分析工作中十分重要。

（二）　采样的一般方法

样品分检样、原始样品和平均样品三种。由整批食物的各个部分采取的少量样品称为检样。把许多份检样合在一起称为原始样品。原始样品经过处理再抽取其中一部分做检验用称为平均样品。如果采得的检样互不一致，则不能把它们放在一起做成一份原始样品，而只能把质量相同的检样混在一起，做成若干份原始样品。

（一）　散粒状样品（如粮食、粉状食品）

散粒状样品的采样容器有自动样品收集器、带垂直喷嘴或斜槽的样品收集器、垂直重力低压自动样品收集器等（图1-1、图1-2和图1-3）。

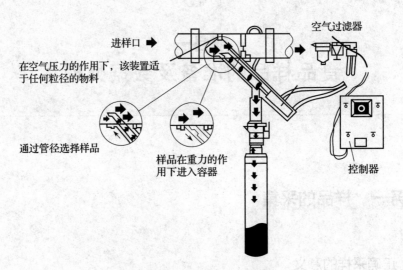

进样口 ➡

空气过滤器

在空气压力的作用下，该装置适
于任何粒径的物料

通过管径选择样品

样品在重力的作
用下进入容器

控制器

图 1 - 1 自动样品收集器

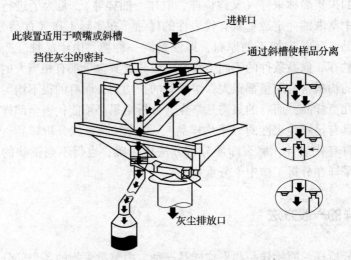

此装置适用于喷嘴或斜槽

进样口

挡住灰尘的密封

通过斜槽使样品分离

灰尘排放口

图 1 - 2 带垂直喷嘴或斜槽的样品收集器

　　自动样品收集器通过水平的或垂直的空气流来对连续性生产的任何直径的粉末状、颗粒状样品进行采样分离，通过气流产生的正、负压对样品进行选择，然后分别包装送检。带垂直喷嘴或斜槽的样品收集器可用于粉末状、颗粒状、片状和浆状样品，它可以将样品去杂后，按四分法取样，包装后送检。垂直重力低压自动样品收集器可对固体样品按要求进行粉碎，然后将得到的粉末状、片状或颗粒状样品进行包装送检。

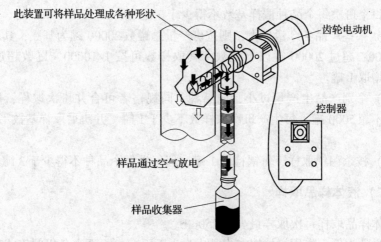

此装置可将样品处理成各种形状

齿轮电动机

控制器

样品通过空气放电

样品收集器

图 1-3　垂直重力低压自动样品收集器

(二) 液体样品

液体样品在采样前必须充分混合，混合方法可用混合器。如果样品量少，可用两容器相互转移的方法来混合。采样一般用长形采样器，用虹吸法分层取样，然后装入小瓶混匀即可。

(三) 对含水量较高的肉类、鱼类、禽类样品

可取其可食部分，放入绞肉机中绞匀。对含水量更大的水果蔬菜等，取其可食部分，放入高速组织捣碎器中搅匀。对于蛋类食品，去壳后用打蛋器打匀。对于罐头食品，取可食部分，并取出各种调味品后，再制备均匀。制备样品时，必须把带核的果实、带骨的畜禽、带鳞的鱼等样品预先去核、骨或鳞等不可食部分，然后进行样品的制备。有些样品需根据检验的目的而正确地采样。如进行有机农药残留的检验时，鸡的不同部位的农药残留量不同，因此取样时应加以注意。采样时必须表明样品名称、采样地点、时间、数量、采样方法及采样人签封。

三 采样实例

(一) 罐头食品取样

罐头食品取样可采用下列方法之一。

(1) 按生产班次取样，取样数为 1/3000，尾数超过 1000 罐者，增取 1

罐，但每个班次每个品种取样基数不得少于 3 罐。

（2）某些产品生产量较大，则按班产量总罐数 20000 罐为基数，其取样数按 1/3000；超过 20000 罐以上罐数，其取样数可按 1/10000，尾数超过 1000 罐者，增取 1 罐。

（3）个别产品生产量过小，同品种、同规格者可合并班次取样，但并班总罐数不超 5000 罐，每生产班次取样数不少于 1 罐，并班后取样基数不少于 3 罐。

（4）按杀菌锅取样，每锅检取 1 罐，但每批每个品种不得少于 3 罐。

（二）液体样品取样

液体样品取样每次取样最少为 250mL。

以牛乳为例，先用搅拌棒在牛乳中自上至下、自下至上各以螺旋式转动数次。若要采取数桶乳的混合样品时，则先要估计每桶乳的质量，然后以质量比例决定每桶乳中应采取的数量，用采样管采集在同一个样品瓶中，混匀即可。一般可采样 0.2～1.0mL/kg。为了确定牧场在一定时期内牛乳的成分，可逐日按质量采集一定的样品量（如 0.5mL/kg），每 100mL 样品中可加入 1～2 滴甲醛作为防腐剂。

（三）全脂乳粉取样

乳粉用箱或桶包装者，则开启总数的 1%，用 83cm 长的开口采样插，先加以杀菌，然后自容器的四角及中心采取样品各一插，放在盘中搅匀，采取约总量的千分之一为检验用。采取瓶装、听装的乳粉样品时，可以按批号分开，自该批产品堆放的不同部位采取总数分之一作为检验用，但不得少于 2 件。尾数超过 500 件者应加抽 1 件。

任务二　样品的制备与预处理

（一）样品的制备

样品的制备在分析过程中有着举足轻重的作用。样品处理得好，对后面的分析工作会带来很大的方便，并会增加分析的准确度。下面我们对不同的样品来进行讨论。

（1）浆体或悬浮液体，一般是将样品摇动和充分搅拌。常用的简便搅拌工具是玻璃搅棒，还有带变速器的电动搅拌器，可任意调节搅拌速度。

（2）互不相溶的液体，如油与水的混合物，分离后分别采取。

（3）固体样品应捣碎，反复研磨或用其他方法研细。常用工具有绞肉机、磨粉机钵等。

（4）水果罐头在捣碎前须清除果核。肉禽罐头应预先清除骨头，鱼类罐头要将调味品（葱、辣椒等）分出后再捣碎。常用工具有高速组织捣碎机等。

（5）在测定农药残留量时，各种样品制备方法如下：

① 粮食：充分混匀，用四分法取 200g 粉碎；全都通过 40 目筛。

② 蔬菜和水果：先用水洗去泥沙，然后除去表面附着的水分。依当地食用习惯，取可食部分沿纵轴剖开，各取 1/4，切碎，充分混匀。

③ 肉类：除去皮和骨，将肥瘦肉混合取样。每份样品在检验农药残留量的同时，应进行粗脂肪含量的测定，以便必要时分别计算农药在脂肪或瘦肉中的残留量。

④ 蛋类：去壳后全部混匀。

⑤ 禽类：去毛，开膛去内脏，洗净，除去表面附着的水分。纵剖后将半只去骨的禽肉绞成肉泥状，充分混匀。检验农药残留量的同时，还应进行粗脂肪的测定。

⑥ 鱼类：每份鱼样至少 3 条。去鳞、头、尾及内脏，洗净，除去表面附着的水分，纵剖，取每条的一半，去骨刺后全部绞成肉泥状，充分混匀。

（二）样品的预处理

由于食品组成复杂，既含有大分子的有机化合物，如蛋白质、糖、脂肪、维生素及因污染引入的有机农药，也含有各种无机元素，如钾、钠、钙、铁等。另外，食品中有害物质及某些特殊成分的检验有许多共同之处。由于食品本身（如蛋白质、脂肪、糖类等）对分析测定常产生干扰，因此在分析测定之前必须进行样品处理。样品在处理过程中，既要排除干扰因素，又要不至于使被测物质受到损失，而且应能使被测定物质达到浓缩，从而使测定能得到理想结果。所以在食品分析测定时，样品的处理是整个测定的重要步骤。

食品样品的处理方法，可根据被测定物质的理化性质以及食品的类型、特点来选择，常用以下几种方法。

（一）有机物破坏法

常用于食品中无机盐或金属离子的测定。在高温或强烈氧化条件下，使食品中有机物质分解，并在加热过程中成气态而散逸掉。根据具体操作方法不同，又分为干法灰化和湿法消化两大类。

1. 干法灰化法

样品在马弗炉中（一般550℃）被充分灰化。灰化前须先炭化样品，即把装有待测样品的坩埚先放在电炉上低温使样品炭化，在炭化过程中为了避免测定物质的散失，往往加入少量碱性或酸性物质（固定剂），通常称为碱性干法灰化或酸性干法灰化。例如，某些金属的氯化物在灰化时容易散失，这时就加入硫酸，使金属离子转变为稳定的硫酸盐。干法灰化时间长，常需过夜完成，但无需操作者经常看管。由于试剂用量小，产品的空白值较少，但对挥发性物质的损失较湿法消化法大。

2. 湿法消化法

湿法消化是加入强氧化剂（如浓硝酸、高氯酸、高锰酸钾等），使样品消化而被测物质呈离子状态保存在溶液中。由于湿法消化是在溶液中进行的，反应也较缓和一些，因此被分析的物质散失就大大减少。湿法常用于某些极易挥发散失的物质，除了汞以外，大部分金属的测定都能得到良好的结果。湿法消化时间短，而且挥发性物质损失较少，然而其试剂用量较大并需工作者经常看管且湿法消化污染大，劳动强度大。消化装置如图1-4所示。

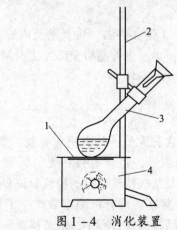

图1-4 消化装置
1—石棉网 2—铁支架 3—凯氏烧瓶 4—电炉

(二) 蒸馏法

利用液体混合物中各组分挥发度的不同分离纯组分的方法称蒸馏。将常用的蒸馏方法分述如下。

1. 常压蒸馏

当被蒸馏的物质受热后不易发生分解或在沸点不太高的情况下，可在常压进行蒸馏，常压蒸馏的装置（图1-5）比较简单。加热方法要根据被蒸馏物质的沸点来确定：沸点不高于90℃可用水浴；超过90℃，则可改为油浴、沙浴、盐浴或石棉浴；被蒸馏物质不易爆炸或燃烧，可用电炉或酒精灯直接用火加热，最好垫以石棉网，使受热均匀且安全；沸点高于150℃时，可用空气冷凝管代替冷水冷凝器。

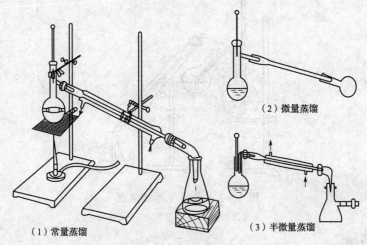

（1）常量蒸馏　（2）微量蒸馏　（3）半微量蒸馏

图1-5　常压蒸馏装置

2. 减压蒸馏

有很多化合物特别是天然提取物在高温条件下极易分解，因此须降低蒸馏温度，其中最常用的方法就是在低压条件下进行。在实验室中用水泵来达到减压的目的。减压蒸馏装置见图1-6。

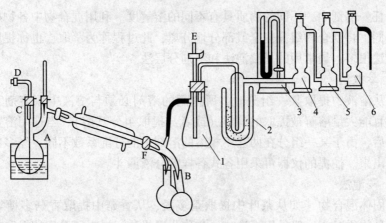

图1-6　减压蒸馏装置

1—缓冲瓶装置　2—冷却装置　3、4、5、6—净化装置

A—减压蒸馏瓶　B—接受器　C—毛细管　D—调气夹　E—放气活塞　F—接液管

3. 水蒸气蒸馏

将水和与水互不相溶的液体一起蒸馏，这种蒸馏方法就称为水蒸气蒸馏。水蒸气蒸馏是用水蒸气来加热混合液体的。例如，测定有机酸常用水蒸气将有机酸蒸出再进行测定。水蒸气蒸馏装置见图 1-7。

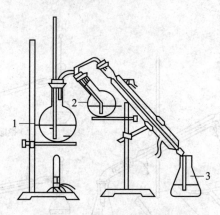

图 1-7　水蒸气蒸馏装置
1—蒸汽发生瓶　2—样品瓶　3—接收瓶

4. 分馏

分馏是蒸馏的一种，是将液体混合物在一个设备内同时进行多次部分汽化和部分冷凝，将液体混合物分离为各组分的蒸馏过程。这种蒸馏方法用于两种或两种以上组分可以互溶而且沸点相差很小的混合液体。

(三) 溶剂提取法

在任一溶剂中，不同的物质具有不同的溶解度。利用混合物中各物质溶解度的不同，将混合物组分完全或部分地分离，此过程称为萃取，也称提取。提取的方法很多，最常用的是浸泡法和溶剂分层法。

1. 萃取法

要从溶液中提取某一组分时，所选用的溶剂必须与溶液中原溶剂互不相溶，而且能大量溶解被提取的溶质（或者与提取组分互溶）。当选用溶剂与溶液混合后，由于某一组分在两互不相溶的溶剂中的分配系数不同，经多次提取可分离出来。抽提的仪器可采用各式各样的分液漏斗。

2. 浸泡法

从固体混合物（如从茶叶中提取茶多酚、从香菇中提取香菇多糖等）中提取某种物质时，一般采用浸泡法，亦称为浸提法。浸提所采用的提取剂应既能大量溶解被提取的物质，又不破坏被提取物质的性质。为了提高物质在溶剂中的溶解度，往往在浸提时要加热。

3. 盐析法

向溶液中加入某一盐类物质，使溶质溶解在原溶剂中的溶解度大大降低，从而从溶液中沉淀出来，这个方法称作盐析。例如，在蛋白质溶液中，加入大量的盐类，特别是加入重金属盐，蛋白质就从溶液中沉淀出来。例如，在蛋白质的测定过程中，常用氢氧化铜或碱性醋酸铅将蛋白质从水溶液中沉淀下来，将沉淀消化并测定其中的氮量，据此以断定样品中纯蛋白质的含量。

在进行盐析工作时，应注意溶液中所要加入的物质的选择。它不能破坏溶液中所要析出的物质，否则达不到盐析提取的目的。此外，要注意选择适当的盐析条件，如溶液的 pH、温度等。盐析沉淀后，根据溶剂和析出物质的性质和实验要求，选择适当的分离方法，如过滤、离心分离和蒸发等。

（四）色层分离法

这是应用最广泛的分离方法之一，尤其对一系列有机物质的分析测定，色层分离具有独特的优点。常用的色层分离有柱层析和薄层层析两种，由于选用的柱填充物和薄层涂布材料不同，因此有各种类型的柱层析分离和薄层层析分离。色层分离的最大特点是不仅分离效果好，而且分离过程往往也就是鉴定的过程。

三　样品的浓缩

样品提取和分离后，往往需要将大体积溶液中的溶剂减少，提高溶液浓度，使溶液体积达到所需要的体积。浓缩过程中很容易造成待测组分损失，尤其是挥发性强、不稳定的微量物质更容易损失。因此，要特别注意当浓缩至体积很小时，一定要控制浓缩速度不能太快，否则将会造成回收率降低。浓缩回收率要求不低于90%。浓缩的方法有以下几种：

1. 自然挥发法

将待浓缩的溶液置于室温下，使溶剂自然蒸发。此法浓缩速度慢，但简便。

2. 吹气法

采用吹干燥空气或氮气，使溶剂挥发的浓缩方法。此法浓缩速度较慢，对于易氧化、蒸气压高的待测物，不能采用吹干燥空气的方法浓缩。

3. 真空旋转蒸发法

在减压、加温、旋转条件下浓缩溶剂的方法。此法浓缩速度快，待测物不易损失、简便，是最常用理想的浓缩方法。真空旋转蒸发装置见图 1-8。

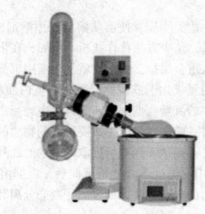

图 1－8　真空旋转蒸发装置

任务三　样品的保存

采集的样品应尽快进行分析，以防止其中水分或挥发性物质的散失及其他待测物质含量的变化。如果不能立即进行分析，必须加以妥善保存。应当把样品保存在密封洁净的容器内，必要时放在避光处，但切忌使用带有橡皮垫的容器。鉴于食品中富含丰富的营养物质，在合适的温度、湿度条件下，微生物能迅速生长繁殖，导致样品腐败变质；此外，食品中还含有易挥发、易氧化及热敏性物质，故在样品的保存过程中，应注意以下几点：

（1）盛样品的容器，应该是清洁干燥的优质磨口玻璃容器。容器外贴上标签，注明食品名称、采样日期、编号、分析项目等。

（2）易腐败变质的样品，需进行冷藏、避光保存在 0～5℃，但时间不宜过长。否则会导致样品变质或待测物质的分解。

（3）对于已腐败变质的样品，应弃去不要，重新采样分析。

总之，要防止样品在保存过程中，受潮、风干、变质，保证样品的外观和化学组成不发生变化。分析结束后的剩余样品，除易腐败变质者不予保留外，其他样品一般保存一个月，以备复查。

某些国家采用冷冻干燥来保存样品。在进行冷冻干燥时，先将样品冷冻到冰点以下，水分即变成固态冰，然后在高真空下将冰升华以脱水，样品即被干燥。所用真空度为 133～400Pa 的绝对压强，温度为 －30～－10℃，而逸出的水分聚集于冷冻的冷凝器，并用干燥剂将水分吸收或直接用真空泵抽走。

预冻温度和速度对样品有影响，为此须将样品的温度迅速降到"共熔点"以下。"共熔点"是指样品真正冻结成固体的温度，又称完全固化温度。对于不同的物质，其"共熔点"不同，苹果为 – 34℃，番茄为 – 40℃，梨为 – 33℃。由于样品在低温下干燥，食品化学和物理结构变化极小，因此食品成分的损失比较少，可用于肉、鱼、蛋和蔬菜类样品的保存。保存时间可达数月或更长的时间。

任务四　分析结果的数据处理

食品进行分析后，必须对分析结果的数据进行处理。以评估同一样品多次重复测定结果的准确度和精密度，从而获知准确的食品品质，正确地评估食品的质量。

（一）分析结果的表示方法

在食品分析检验中常用以下几种形式表示样品中被测物质的含量。

（1）毫克百分含量　mg/100g 或 mg/100mL。

（2）百分含量（%）　g/100g 或 g/100mL。

（3）千分含量（‰）　g/kg 或 g/L。

（4）百万分含量（ppm）　mg/kg 或 mg/L。

（5）十亿分含量（ppb）　μg/kg 或 μg/L。

（二）有效数字

在分析数据的记录、计算和报告时，要注意有效数字的问题。有效数字就是实际能测量到的数字，它表示了数字的有效意义及准确程度。那种认为在一个数值中，小数点后面的位数越多就越精确，或者在结果计算中，保留的位数越多准确度就越高的想法都是错误的，因此，在数据处理时要遵守下列基本法则：

（1）记录测量数值时，只保留一位可疑数字；在结果报告中，也只能保留一位可疑数，不能列入后面无意义的数字。

（2）可疑数后面的数字可根据四舍六入五留双的原则修约。

（3）数据加减时，各数所保留的小数点后的位数，应与所给各数中小数点后位数最少的相同。在乘除运算中，各因子保留的位数应以有效数字位数最少的为标准。

（4）在计算平均值时，若为四个或超过四个数相平均时，则平均值的有效数字可增加一位。在所有计算式中，常数、稀释倍数，以及乘数为 5/2、1/3 等的有效数字，可认为无限制。

（5）表示分析方法的精密度和准确度时，大都取 1~2 位有效数字。

（6）对于高含量组分（>10%）的测定，一般要求分析结果为四位有效数字，对于中含量组分（1%~10%）的测定，一般要求分析结果为三位有效数字；对于低含量组分（<1%）的测定，一般只要求分析结果为两位有效数字。通常以此报告分析结果。

三 分析结果的准确度和精密度

（一）误差及其产生原因

所谓误差是指测量值与真实值之差。根据其来源，误差通常分为两类，即系统误差与偶然误差。

1. 系统误差

系统误差是由固定原因所造成的误差，在测定过程中按一定的规律性重复出现，一般有一定的方向性，即测量值总是偏高或总是偏低。这种误差的大小是可测的，所以又称"可测误差"。

系统误差来源于仪器误差、试剂误差、方法误差和主观误差。

2. 偶然误差

偶然误差是由于一些偶然的外因所引起的误差，产生的原因往往是不固定的、未知的，且大小不一，或正或负。其大小是不可测的，所以又称"不可测误差"。

偶然误差的来源往往一时难以察觉，检测过程中某些偶然的、暂时不能控制的微小因素，如温度、气压、电压等的变化、仪器的故障等。

（二）准确度

准确度是指测定值与真实值相符合的程度，通常用误差来表示。误差愈小，测定值的准确度愈高。它主要由系统误差所决定，反映测定值的真实性与准确性。通常用绝对误差或相对误差来表示。

（三）精密度

精密度是指在相同条件下进行几次测定，结果相互接近的程度，是对同一样品的多次测定结果的重现性指标。它表示各次测定值与平均值的偏离程度，是由偶然误差所造成的。

在一般情况下，真实值是不易知道的，故常用精密度来判断分析结果的好坏。精密度一般用绝对偏差、相对偏差、绝对平均偏差、相对平均偏差、标准偏差等来表示。

（四）准确度和精密度的关系

准确度和精密度是评价分析结果的两种不同的方法，是两个不同的概念，但两者间有一定的关系。前者说明测定结果准确与否，后者说明测定结果稳定与否。精密度高不一定准确度高，而准确度高一定需要精密度高。精密度是保证准确度的先决条件，精密度低说明所测定结果不可靠，在这种情况下，自然失去了衡量准确度的准确度的前提。

（五）提高分析结果准确度和精密度的方法

1. 选择合适的分析方法

各种分析方法的准确度和灵敏度（指检验方法和仪器所能测到的最低限度）是不相同的。如重量分析及容量分析，灵敏度虽不高，但对高含量组分的测定能获得满意的结果，相对误差一般是千分之几。相反，对于低含量组分的测定，重量法和容量法的灵敏度一般达不到。仪器分析法灵敏度较高，而相对误差较大，但对低含量组分允许有较大的相对误差。所以，这时采用仪器分析法是适宜的。

2. 正确选取样品量

样品量的多少与分析结果的准确度关系很大。在常量分析中，滴定量和重量或多或少都直接影响准确度。在比色分析中，含量与吸光度之间往往只在一定范围内呈线性关系，这就要求测定时读数在此范围内，并尽可能在仪器读数较灵敏的范围内，以提高准确度。这可以通过增减取样量或改变稀释倍数等来达到。

3. 对各种试剂、仪器、器皿进行鉴定或校正

各种计量测试仪器，如天平、温度计、分光光度计等，都应按规定定期送计量管理部门鉴定，以保证仪器的灵敏度和准确度。用作标准容量的容器或移液管等，最好经过标定，按校正值使用。各种标准试剂（尤其是容易变化的试剂）应按规定定期标定，以保证试剂的浓度或质量。

4. 增加测定次数

一般来说，测定次数越多，则平均值越接近真实值，结果就越可靠。但实际上不能对一个样品进行很多次测定。因为这会造成人力、物力和时间的很大浪费，而且往往是不必要的。一般每个样品应平行测定两次，误差在规定范围内，取其平均值计算。若误差较大，则应增加1或2次。根据单次测定报告的结果是不可靠的。对于精密的测定还应当增加测定次数。

5. 做空白试验

在测定的同时做空白试验，即在不加试样的情况下，按同样方法，在同样的条件下进行测定。在样品测定值中扣除空白值，就可以抵消许多未知因素的影响。如试剂及测定过程中发生的干扰或变化所造成的影响，可通过空白试验而消除。

6. 做对照试验

在样品测定的同时，进行一系列标准溶液的对照测定。样品和标准按完全相同的步骤，在完全相同的条件下进行测定，最后将结果进行比较。这样，也可以抵消许多未知因素的影响。

（四）数据处理的方法

处理数据在分析工作中是十分重要的，在最后的计算过程中对数据做一些必要的处理是必需的工作。多采用简便的相对平均偏差或标准偏差表示精密度，而在需要对一组分析结果进行判断或对一种分析方法所能达到的精密程度进行考察时，就需要对一组分析数据进行处理，校正系统误差，按一定的规则剔除可疑数据，计算数据的平均值和各数据对平均值的偏差和平均偏差。在这里我们计算得到的值与表中列出的值有显著的差别，处理数据是必要的。

（一）基本规则

（1）如果结果需保留4位数，但现在有5位数且第5位数小于5。那么就直接去掉第5位数，如64.722被修饰成64.72。

（2）如果结果需保留4位数，但现在有5位数且第5位数大于5，则去掉第5位但第4位数加1，如64.727被修饰成64.73。

（3）如果结果要保留的位数后面的一位数字为5，且要保留的最后一位数是奇数，则去掉后面的那一位并将欲保留的最后一位加1，如果最后一位是偶数则去掉后面的一位而保持最后一位不变。如64.725修约成64.72，64.705修约成64.70，64.715修约成64.72。

（二）数据取舍

在实验过程中会遇到一些有问题的数据，怎样来舍去它们呢？如果按照常规省掉某些数据而使分析结果好看些，这时就可能发生错误，如果可以肯定错误数据的来源，这时省去这些数据就没有问题，如果很差的实验结果是来自于方法或所用试剂有问题，这时最好解决那些问题后再做，这就不是取舍数据的问题了。

项目二
食品营养成分测定

任务一　水分的测定

(一) 水分测定的意义

水是食品的重要组成成分。不同种类的食品，水分含量差别很大。控制食品的水分含量，对于保持食品具有良好的感官性质，维持食品中其他组分的平衡关系，保证食品具有一定的保存期等均起着重要的作用。例如：新鲜面包的水分含量若低于28%～30%，其外观形态干瘪，失去光泽；硬糖的水分含量一般控制在3.0%左右，过低出现返砂现象，过高易发烊；乳粉水分含量控制在2.5%～3.0%以内，可抑制微生物生长繁殖，延长保存期。此外，原料中水分含量高低，对于原料的品质和保存，进行成本核算，提高经济效益等都有重大意义。故食品中水分含量的测定是食品分析的重要项目之一。

食品中水分的存在形式，可以按照其物理、化学性质，定性地分为结合水和非结合水两大类。前者一般指结晶水和吸附水，在测定过程中，此类水分较难彻底从物料中逸出。后者包括表面润湿水分、渗透水分和毛细管水，相对来说，这类水分较易与物料分离。

(二) 测定方法

水分测定的方法有许多种，通常可分为两大类：直接测定法和间接测定法。

直接测定法一般是采用烘干、化学干燥、蒸馏、提取或其他物理化学方法去掉样品中的水分，再通过称量或其他手段获得分析结果。主要有常压干燥法、减压干燥法、蒸馏法及快速法等。间接测定法一般不从样品中去除水分，而是利用食品的相对密度、折射率、电导、介电常数等物理性质测定水分的方法，称为间接法。此外，还有卡尔·费休法、化学干燥法、微波法、声波和超声波法、核磁共振波谱法、中子法、介电容量法等。

（三）　实训项目——常压干燥法

（一）　实训目的

（1）掌握直接干燥法测定水分的原理及操作要点。

（2）熟悉烘箱使用，掌握称量、恒质等基本操作。

（二）　实训原理

食品中水分含量指在100℃左右直接干燥的情况下所失去物质的质量。但实际上，在此温度下所失去的是挥发性物质的总量，而不完全是水。同时，在这种条件下食品中结合水的排除也比较困难。

（三）　实训适用范围

本法为 GB/T 5009.3—2010，适用于在（100±5）℃，不含或含微量挥发性物质的食品，如谷物及其制品、淀粉及其制品、调味品、水产品、豆制品、乳制品、肉制品、发酵制品和酱腌菜等食品中水分的测定；不适用于100℃左右的条件下易变质的高糖、高脂肪类食品。测定水分后的样品，适用于脂肪、灰分含量的测定。

（四）　实训仪器

有盖铝皿或玻璃称量皿；烘箱；干燥器。如图 2-1 所示。

（五）　实训操作

精确称取均匀样品 2~10g，置于已干燥冷却和称重的有盖称量皿中，移入 100~105℃烘箱内，开盖干燥 2~3h 后取出，加盖，置干燥器中冷却 0.5h，称重，再烘 1h，冷却、称重，复此操作直至恒质，即前后两次质量差不超过 2mg。

对于黏稠液体或酱类，则先用称量皿称取约 10g 经酸洗和灼烧过的细海砂，内放一根细玻璃棒，于 105℃干燥至恒重，再加入 3.00~5.00g 样品，用玻璃棒把海砂和样品混匀，然后移入干燥箱内，于 105℃烘至恒重。

(1) 有盖铝皿　　　　　(2) 玻璃称量瓶

(3) 烘箱　　　　　　(4) 干燥器

图 2 - 1　水分测定实验仪器

（六）实训结果计算

$$X = [(m_2 - m_1)/m] \times 100\%$$

式中　X——水分含量（质量分数）,% ;

m_1——恒重后称量皿和样品的质量，g;

m_2——恒重前称量皿和样品的质量，g;

m——样品质量，g。

四　减压干燥法

减压干燥法适用于在较高温度下，易分解、变质或不易除去结合水的食品。如糖浆、果糖、味精、高脂肪食品、果蔬及其制品等的水分含量测定。工艺流程如图 2 - 2 所示。

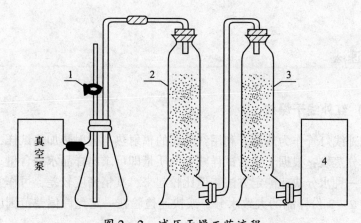

图 2 - 2　减压干燥工艺流程

1—二通活塞　2—硅胶　3—粒状苛性钠　4—真空烘箱

五　蒸馏法

　　蒸馏法广泛用于谷类、果蔬、油菜、香料等多种样品的水分测定，特别对于香料，此法是唯一公认的水分含量的标准测定方法。蒸馏式水分测定仪如图 2 - 3 所示。

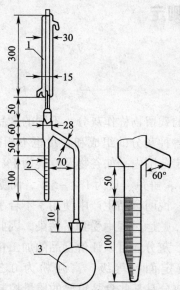

图 2 - 3　蒸馏式水分测定仪

1—直形冷凝器　2—接收器，有效体积2mL，每刻度为0.05mL　3—圆底烧瓶

(六) 快速法

(一) 红外线干燥法

以红外线灯管作为热源，利用红外线的辐射热与直射热加热试样，高效快速地使水分蒸发，根据干燥后试样减少的质量即可求出样品水分含量。红外线干燥法是一种水分快速测定方法，但比较起来，其精密度较差，可作为简易法用于测定 2~3 份样品的大致水分，或快速检验在一定允许偏差范围内的样品水分含量。

(二) 红外吸收光谱法

根据水分对某一波长的红外线的吸收强度与其在样品中含量存在一定关系的原理，建立了红外线光谱测定水分方法。此法准确、快速、方便，利于课题的研究，具有广阔的应用前景。

任务二 灰分的测定

(一) 概述

食品经高温灼烧后的残留物称作灰分。不同的食品，因所用原料、加工方法及测定条件的不同，各种灰分的组成和含量也不相同，当这些条件确定后，某种食品的灰分常在一定范围内。如谷物及豆类为 1%~4%，蔬菜为 0.5%~2%，水果为 0.5%~1%，鲜鱼、贝为 1%~5%，而糖精只有 0.01%。如果灰分含量超过了正常范围，说明食品生产中使用了不合乎卫生标准的原料或食品添加剂，或食品在加工、贮运过程中受到了污染。因此，测定灰分可以判断食品受污染的程度。此外，灰分还可以评价食品的加工精度。例如，在面粉加工中，常以总灰分含量评定面粉等级，富强粉为 0.3%~0.5%；标准粉为 0.6%~0.9%。总之，灰分是某些食品重要的质量控制指标，是食品成分分析的项目之一。

⟨二⟩ 实训项目——灰分的测定

（一）实训目的

（1）掌握灰分的测定原理及方法。

（2）掌握高温炉的使用方法。

（二）实训原理

把一定量的样品经炭化后放入高温炉内灼烧，使有机物质被氧化分解，以二氧化碳、氮的氧化物及水等形式逸出，而无机物质以硫酸盐、碳酸盐、氯化物等无机盐和金属氧化物的形式残留下来，这些残留物即为灰分，称量残留物的质量即可计算出样品中灰分的含量。

（三）实训仪器

高温炉；坩埚及坩埚钳；干燥器。如图 2-4 所示。

(1) 高温炉　　　　　　　(2) 坩埚

图 2-4　灰分测定实验仪器

（四）实训试剂

（1）1:4 盐酸溶液。

（2）0.5% 三氯化铁溶液和等量蓝墨水混合液。

（五）实训操作

1. 瓷坩埚的准备

将瓷坩埚用盐酸（1:4）煮 1~2h，洗净晾干后，用三氯化铁和蓝墨水混合液在坩埚外壁及盖上写上编号，置于 550℃ 高温炉中灼烧 1h，移到炉口冷却到200℃左右后，再放入干燥器中，冷却至室温后准确称量，再放入高温炉内灼烧30min，取出冷却称重，直至恒重（两次称量之差不超过0.5mg）。

2. 样品的处理

（1）谷物、豆类等水分含量较少的固体样品，粉碎均匀。

（2）含脂肪较多的样品，先捣碎均匀，准确称样后，除去脂肪。

3. 测定

准确称取固体样品2~3g或液体样品5~10g。液体样品预先在水浴上蒸干，再置电炉上加热，使试样充分炭化至无烟（只冒烟不起火）然后放入高温炉中在550~600℃温度下灼烧2~4h，至灰中无炭粒存在，打开炉门，将坩埚移至炉口处冷却至200℃左右，移入干燥器中冷却至室温，准确称量，再灼烧、冷却、称量，直至达到恒质（前后两次称量相差不超过0.5mg为恒质）。

（六）实训结果计算

$$X = \left[(m_2 - m_0)/(m_1 - m_0) \right] \times 100\%$$

式中　X——灰分含量，%；

　　m_0——空坩埚质量，g；

　　m_1——样品和空坩埚质量，g；

　　m_2——灰分和空坩埚质量，g。

（七）注意事项

（1）灰化温度一般在525~600℃范围内，由于食品中无机成分的组成、性质、含量各不相同，灰分温度也有差别。肉制品、果蔬及其制品、砂糖及其制品的灰化温度小于等于525℃；鱼类及海产品、谷类及其制品、乳制品等的灰化温度小于等于550℃；个别样品的灰化温度可以达600℃。

（2）灰化时间一般以灼烧至灰分呈白色或浅灰色，无炭粒存在并达到恒质为止。

（3）为了加快灰化的进程可加入醋酸镁、硝酸镁等助灰化剂，也可加入10%碳酸铵等疏松剂，促进未灰化的炭粒灰化。

任务三 酸度的测定

(一) 测定酸度的意义

食品中的酸不仅作为酸味成分，而且在食品的加工、贮运及品质管理等方面，还起着很重要的作用。如叶绿素在酸性下会变成黄褐色脱镁叶绿素。花青素在不同酸度下，颜色亦不相同；果实及其制品的口味取决于糖、酸的种类、含量及其比例，它赋予食品独特的风味；在水果加工中，控制介质 pH 可抑制水果褐变；有机酸能与 Fe、Sn 等金属反应，加快设备和容器的腐蚀作用，影响制品的风味和色泽。

酸的种类和含量的改变，可判断某些制品是否已腐败。如某些发酵制品中，有甲酸的积累，表明已发生细菌性腐败；含有 0.1% 以上的醋酸表明此水果发酵制品已腐败；油脂的酸度也可判断其新鲜程度。酸度亦是判断食品质量的指标，如新鲜肉的 pH 为 5.7~6.2，pH>6.7 说明肉已变质。

有机酸在果蔬中的含量，随着成熟度及生长条件不同而异。一般随着成熟度的提高，有机酸含量下降，而糖量增加，糖酸比增大。因此，糖酸比对确定果蔬收获期亦有重要意义。

(二) 酸度的分类

酸度的检验包括总酸度（可滴定酸度）、有效酸度（氢离子活度，pH）和挥发酸。总酸度包括滴定前已离子化的酸，也包括滴定时产生的氢离子。但是人们味觉中的酸度，各种生物化学或其他化学工艺变化的动向和速度，主要不是取决于酸的总量，而是取决于离子状态的那部分酸，所以通常用氢离子活度（pH）来表示有效的酸度。总挥发酸主要是醋酸、甲酸和丁酸等，它包括游离的和结合的两部分，前者在蒸馏时较易挥发，后者比较困难。用蒸汽蒸馏并加入 10% 磷酸，可使结合状态的挥发酸得以离析，并显著地加速挥发酸的蒸馏过程。

(三) 酸度的测定

(一) 实训项目——总酸度的测定

1. 实训目的

(1) 掌握饮料总酸度的测定方法与原理。

(2) 熟练掌握滴定法的操作技能。

2. 实训原理

饮料中所有酸性物质用标准碱液滴定。根据耗用碱液的体积,计算样品中酸的含量。

3. 实训样品

碳酸饮料。

4. 实训试剂

(1) 0.1mol/L NaOH 标准溶液。

(2) 1% 酚酞乙醇溶液 称取酚酞 1g 溶解于 100mL 95% 乙醇中。

5. 实训仪器

滴定管;恒温水浴锅;三角瓶。

6. 实训操作

(1) 样品处理 将样品置于 40℃ 水浴上加热 30min,除去 CO_2,待冷却至室温,准确吸取 25mL 于三角瓶中。加 2~4 滴酚酞指示剂。

(2) 滴定 0.1mol/L NaOH 溶液滴定至红色出现 30s 不褪色为滴定终点。记录消耗 NaOH 溶液的体积。

7. 实训结果计算

$$总酸含量(g/100mL) = \frac{V_1 \times c \times 0.064}{V} \times 100\%$$

式中 V_1——滴定消耗 NaOH 溶液体积,mL;

c——NaOH 标准溶液的物质的量的浓度,mol/L;

0.064——1mL NaOH 溶液相当于柠檬酸的质量,g/mmol;

V——滴定用样品液的体积,mL。

(二) 挥发酸的测定

挥发酸是指食品中易挥发的有机酸。测定方法有直接法和间接法。直接法是通过水蒸气蒸馏或溶剂萃取把挥发酸分离出来,然后用标准碱液滴定。间接法是将挥发酸蒸发排除后,用标准碱液滴定不挥发酸,最后从总酸中减去不挥发酸即为挥发酸含量。

（三）有效酸度（pH）的测定

有效酸度是指溶液中 H^+ 的浓度，反映的是已解离的那部分酸的浓度，常用 pH 表示。pH 的测定方法有许多种，如电位法、比色法等，常用酸度计（即 pH 计）来测定。

任务四　脂类的测定

一　概述

食品中的脂类主要包括脂肪（甘油三酯）和一些类脂，如磷脂、糖脂、固醇类等。食物中的脂类 95% 是甘油三酯，5% 是其他脂类。人体内贮存的脂类中，甘油三酯高达 99%。脂类的共同特点是具有脂溶性，不仅易溶解于有机溶剂，还可溶解其他脂溶性物质如脂溶性维生素等。人类膳食脂肪主要来源于动物的脂肪组织和肉类以及植物种子。

在食品加工生产过程中，原料、半成品、成品的脂肪含量对产品的风味、组织结构、品质、外观、口感等都有直接的影响。蔬菜本身的脂肪含量较低，在生产蔬菜罐头时，添加适量的脂肪可以改善产品的风味；对于面包之类焙烤食品，脂肪含量特别是卵磷脂等成分，对于面包心的柔软度、面包的体积及其结构都有影响。因此，在含脂肪的食品中，其含量都有一定的规定，是食品质量管理中的一项重要指标。测定食品中的脂肪含量，可以用来评价食品的品质，衡量食品的营养价值，而且对实行工艺监督，生产过程的质量管理，研究食品的贮藏方式是否恰当等方面都有重要的意义。食品中脂肪的存在形式有游离态的，如动物性脂肪及植物性油脂；也有结合态的，如天然存在的磷脂、糖脂、脂蛋白及某些加工食品（如焙烤食品及麦乳精等）中的脂肪与蛋白质或碳水化合物等成分形成结合态。对大多数食品来说，游离态脂肪是主要的，结合态脂肪含量较少。

脂类不溶于水，易溶于有机溶剂。测定脂类大多采用低沸点的有机溶剂萃取的方法。常用的溶剂有乙醚、石油醚和氯仿－甲醇混合溶剂等。其中乙醚溶解脂肪的能力强，应用最多。但其沸点低（34.6℃），易燃，可含约 2% 的水分，含水乙醚会同时抽出糖分等非脂类成分，所以，使用时必须采用无水乙醚做提取剂，并要求样品必须预先烘干。石油醚溶解脂肪的能力比乙醚弱些，但吸收水分比乙醚少，没有乙醚易燃，使用时允许样品含有微量水分。这两种溶剂只能直接提取游离的脂肪，对于结合态脂类，必须预先用酸或碱破坏脂类和非脂成分的结合后才能提取。因两者各有特点，常常混合使用。氯仿－甲醇是另一种有效的提取剂，它对于脂蛋白、蛋白质、磷脂的提取效率很高，适用范围很广，特别适用于鱼、肉、家禽等食品。

食品的种类不同，其中脂肪的含量及其存在形式就不相同，测定脂肪的方法也就不同。常用的测定脂类的方法有：索氏提取法、酸水解法、罗斯－哥特里法、巴布科克法、盖勃法和氯仿－甲醇提取法等。

（二）实训项目——脂类的测定

（一）索氏提取法

索氏提取法是测定脂肪含量普遍采用的经典方法，是国家标准方法之一，也是美国 AOAO 法 920.39、960.39 中脂肪含量测定方法。该方法适用于脂类含量较高，结合态的脂类含量较少的样品的测定。

1. 实训目的

（1）掌握用索氏提取器测定食品中粗脂肪含量的原理和操作技能。

（2）通过对饼干粗脂肪含量的测定，评定被测样品的品质。

2. 实训原理

利用有机溶剂将脂肪萃取出来，蒸去提取液中的溶剂，恒质残留物，称取残留物的质量，即为粗脂肪质量。

3. 实训样品

甜酥性饼干；苏打饼干；韧性饼干。

4. 实训试剂

无水乙醚或石油醚。

5. 实训仪器

索氏提取器；恒温水浴锅；瓷研钵；干燥器；橡皮管（通冷却水用）；滤纸；脱脂棉；镊子；称量瓶。如图 2 – 5 所示。

6. 实训操作

（1）洗净并烘干索氏提取器，将称量瓶（脂肪接收瓶）洗净置 100 ~ 105℃烘箱内烘 1 ~ 2h，取出放入干燥器中，冷却至室温后称量，复烘 30min 再干燥冷却，直至恒质为止，两次相差不大于 4mg。记录称量瓶质量。

（2）每块样品取 1/4 ~ 1/3，再研碎混匀。

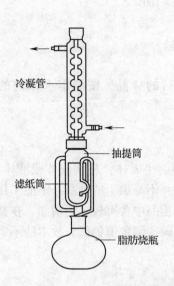
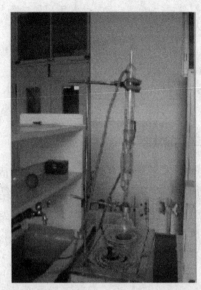

图 2-5 索氏提取器

（3）取 20cm×8cm 的滤纸一张，卷在光滑试管或比色管上（试管直径应比抽提管直径小），将一端约 1.5cm 纸边插入用手紧捏做成筒底取出管子，在纸筒底部衬入两片滤纸或脱脂棉压紧边缘，纸筒外面用脱脂线捆好备用。

（4）精密称取样品 2~3g，置烘箱烘干（约 1h）后，移入滤纸筒内，用蘸有乙醚的脱脂棉揩净盛样品的器皿，将此脱脂棉也一并放入滤纸筒内，在筒内覆盖少量脱脂棉，使样品在滤纸筒中固定，将此滤纸筒放入抽提器的抽提管中。

（5）将抽提管与已恒质的称量瓶连接好，沿抽提管壁倒入无水乙醚至超过虹吸管上部弯曲处（其量为称量瓶容积的 2/3），再连接好冷凝管，通入冷却水，置 60~70℃ 的恒温水浴中回流抽提，控制速度为 3~5min 虹吸一次，用滤纸试验脂肪提取完全后（滴在滤纸上的乙醚挥发后无油迹残留），用镊子取出滤纸筒。抽提时间一般为 6~12h。

（6）重新装好冷凝管，继续加热，利用提取器回收乙醚。待乙醚蒸气冷凝液面稍低于虹吸管上面的弯曲部分时，取下脂肪瓶。

（7）将乙醚回收于乙醚回收瓶中，至脂肪瓶内乙醚剩 1~2mL 时，将脂肪放在水浴上蒸干。

（8）再将脂肪瓶放在 100~105℃烘箱中烘 1~2h，取出置干燥器中冷却，称量，反复操作至恒质（前后两次质量差不超过 0.001g），记录脂肪和称量瓶总质量。

7. 实训结果计算

$$X = (m_1 - m_0)/m \times 100\%$$

式中　X——样品中脂肪的含量，%；

　　　m_0——称量瓶（脂肪接收瓶）质量，g；

　　　m_1——脂肪和称量瓶总质量，g；

　　　m——样品质量，g（如是测定水分后的样品，按测定水分前的质量计）。

（二）酸水解法

适用于各类食品中脂肪的测定，对固体、半固体、黏稠液体或液体食品，特别是加工后的混合食品，容易吸温、结块、不易烘干的食品，不能采用索氏提取法时，用此法效果较好。鱼类、贝类和蛋品中含有较多的磷脂，在盐酸溶液中加热时，磷脂几乎完全分解为脂肪酸及碱，测定值偏低。故本法不宜用于测定含有大量磷脂的食品。

1. 实训目的

掌握酸水解法提取脂肪的原理和测定方法。

2. 实训原理

样品经酸水解后用乙醚提取，除去溶剂即得游离及结合脂肪质量。

3. 实训试剂

95% 乙醇；乙醚（不含过氧化物）；石油醚；盐酸。

4. 实训仪器

100mL 具塞刻度量筒（见图 2 - 6）；恒温水浴锅；索氏抽脂瓶或锥形瓶。

图 2 - 6　具塞刻度量筒

5. 实训操作

（1）样品处理

固体样品：精密称取样品约 2.00g，置于 50mL 大试管中，加 8mL 水，混匀后再加 10mL 盐酸。

液体样品：称取样品 10.00g 于 50mL 大试管中，加 10mL 盐酸。

（2）水解　将试管放入 70 ~ 80℃ 水浴中，每 5 ~ 10min 用玻璃棒搅拌一次，至样品消化完全为止，约需 40 ~ 50min。

（3）提取　取出试管，加入 10mL 乙醇，混合，冷却后将混合物移入125mL 具塞量筒中，用 25mL 乙醚分数次洗试管，一并倒入量筒中，待乙醚全部倒入具塞刻度量筒后，加塞振摇 1min，振摇时不断小心开塞放出气体，以免样液溅出。静置 15min，小心开塞，用石油醚 – 乙醚等量混合液冲洗塞及筒口附着的脂肪。静置 10～20min，待上层有机层全部清晰，把下层水层放入小烧杯后，将乙醚等试剂层放至已恒重的锥形瓶中，再将水层移入具塞刻度量筒中，再加入 6mL 乙醚，如此反复提取两次，将乙醚收集于恒重锥形瓶中，利用索氏抽脂装置或其他冷凝装置回收乙醚及石油醚，将锥形瓶置于沸水浴中完全蒸干，置于 105℃ 干燥 2min，取出放入干燥器内冷却 30min 后称重。

（4）称量　将三角瓶于水浴上蒸干后，置 100～105℃ 烘箱中干燥 2h，取出放入干燥器内冷却 30min，称量。

6. 实训结果计算

$$X = (m_1 - m_0)/m \times 100\%$$

式中　X——样品中脂肪的含量，%；

　　　m_0——称量瓶（脂肪接收瓶）质量，g；

　　　m_1——脂肪和称量瓶总质量，g；

　　　m——样品质量，g（如是测定水分后的样品，按测定水分前的质量计）。

7. 注意事项

（1）测定的样品须充分研细，液体样品须充分混合均匀，以便消化完全和减少误差。

（2）开始时加入 8mL 水是为防止后面加盐酸时试样固化。水解后加入乙醇可使蛋白质沉淀，降低表面张力，促进脂肪球聚合，同时溶解一些碳水化合物、有机酸等。后面用乙醚提取脂肪时因乙醇可溶于乙醚，故需加入石油醚，降低乙醇在醚中的溶解度。使乙醇溶解物残留在水层，并使分层清晰。

（三）氯仿－甲醇提取法

氯仿－甲醇提取法简称 CM 法，该法适合于结合态脂类，特别是磷脂含量高的样品，如鱼、贝类、肉、禽、蛋及其制品等。对这类样品，用索氏提取法测定时，脂蛋白、磷脂等结合态脂类不能被完全提取出来，用酸水解法测定时，又会使磷脂分解而损失。在一定水分存在的条件下，用氯仿－甲醇混合液能有效地提取出结合态脂类。本法对高水分的试样测定更为有效，对于干燥试样，可先在试样中加入一定量的水，使组织膨润，再用氯仿－甲醇混合液提取。

（四）巴布科克法

巴布科克法是测定乳脂肪的标准方法，适用于鲜乳及乳制品中脂肪的测定。但不适合测定甜炼乳、巧克力和糖类食品，因硫酸可使巧克力和糖发生炭化，结果误差较大。

任务五 碳水化合物的测定

一 概述

碳水化合物也称为糖类，是人体热能的重要来源。一些糖与蛋白质能合成糖蛋白、与脂肪形成糖脂，这些都是构成人体细胞组织的成分，是具有重要生理功能的物质。碳水化合物在植物界分布很广，种类繁多，它是由 C、H、O 组成的有机物。其基本结构式为 $C_m(H_2O)_n$。从化学结构上看碳水化合物是多羧基醛和多羧基酮的环状半缩醛及其缩合产物。根据分子缩合的多寡，中国营养协会把碳水化合物分为单糖、双糖、寡糖和多糖四大类。合理的膳食组成中，碳水化合物应占摄入总能量的55% ~65%。

单糖是指用水解方法不能将其分解的碳水化合物，如葡萄糖、果糖、半乳糖等。对食品分析而言，以 D – 葡萄糖和 D – 果糖最为重要。单糖还包括糖醇、如山梨醇、甘露糖醇等。

双糖包括蔗糖、乳糖、麦芽糖等。

寡糖是指 3 ~9 个的单糖聚合物，主要有异麦芽低聚寡糖和棉子糖、水苏糖、低聚果糖等其他寡糖。

多糖由 10 个以上的单糖组成。它主要由淀粉和非淀粉多糖两大类组成。淀粉包括直链淀粉、支链淀粉和变性淀粉等。非淀粉多糖包括纤维素、半纤维素、果胶、亲水胶质物等。

糖类是食品工业的主要原料和辅助材料，在食品加工工艺中，糖类对改变食品的形态、组织结构、物化性质以及色、香、味等感官指标起着十分重要的作用。食品中糖的含量标志着它的营养价值高低，是某些食品的主要质量指标。

测定食品中糖类的方法很多，测定单糖和双糖常用的方法有物理法、化学法、色谱法和酶法等。相对密度、折光法、旋光法等物理方法常用于某些特定样品糖的测定，而一般食品中还原糖、蔗糖、总糖的测定多采用化学法。它包括还原糖法、碘量法、缩合反应法。用酶法测定糖类也有一定的应用。对于多糖淀粉的测定常采用先水解成单糖，然后再用上述方法测定总生成的单糖含量的方法。对果胶及纤维素的测定多采用重量法。

(二) 实训项目——还原糖的测定 （直接滴定法）

还原糖主要指葡萄糖、果糖、乳糖、麦芽糖。还原糖的测定方法很多，目前主要采用直接滴定法和高锰酸钾滴定法。

(一) 实训目的

（1）掌握用直接滴定法测定还原糖的原理和测定方法。

（2）通过对样品还原糖的测定，熟练滴定操作；评定样品品质。

(二) 实训原理

在加热的条件下，以次甲基蓝为指示剂，以经除去蛋白质的被测样品溶液，直接滴定已标定过的费林试剂，样品中的还原糖与费林试液中的酒石酸钾钠铜络合物反应，生成红色的氧化亚铜沉淀。氧化亚铜再与试剂中的亚铁氰化钾反应，生成可溶性化合物，到达终点时，稍过量的还原糖立即将次甲基蓝还原，由蓝色变为无色，呈现出原样品溶液的颜色，即为终点。根据样品消耗的体积，计算还原糖的含量。

(三) 实训样品

硬质糖果。

(四) 实训试剂

（1）费林试剂甲液 称取 15g 五水硫酸铜（$CuSO_4 \cdot 5H_2O$）及 0.05g 次甲基蓝，溶于水中并稀释至 1000mL。

（2）费林试剂乙液 称取 50g 酒石酸钾钠及 75g 氢氧化钠，溶于水中，再加入 4g 亚铁氰化钾，完全溶解后，用水稀释至 1000mL。

（3）醋酸锌溶液 称取 21.9g 醋酸锌，加 3mL 冰醋酸，加水稀至 100mL。

（4）亚铁氰化钾溶液 称取 10.6g 亚铁氰化钾溶解于水中，并稀释至 100mL。

（5）葡萄糖标准溶液 准确称取 1.000g 经过 80℃ 干燥至恒质的葡萄糖（纯度在 99% 以上）。加水溶解后加入 5mL 盐酸（防腐），并以水稀释至 1000mL，溶液浓度为 1mg/mL。

(五) 实训仪器

容量瓶；三角瓶；移液管；滴定管。实训装置如图 2-7 所示。

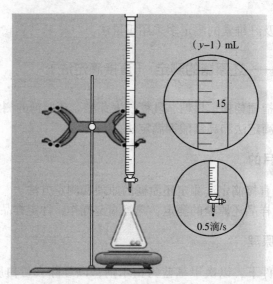

（y−1）mL

15

0.5滴/s

图2−7 还原糖测定的实验装置

（六）实训操作

1. 样品处理

精密称取研碎样品2g于烧杯中，用水溶解后，移入容量瓶中，加入3mL醋酸锌溶液和3mL亚铁氰化钾溶液，混匀，使蛋白质沉淀，再加水稀释至刻度，摇匀；用滤纸过滤于烧杯中，以初滤液洗涤烧杯数次，然后收集样品滤液备用。

2. 标定费林试剂

准确吸取费林试剂甲液和乙液各5mL于150mL三角瓶中（甲、乙液混合后生成氧化亚铜沉淀，因此，应将甲液加入到乙液，使生成的氧化亚铜沉淀重溶），加水10mL，加入玻璃珠2粒，将葡萄糖标准溶液注入滴定管中，从滴定管中加约9mL葡萄糖标准溶液于三角瓶中，将三角瓶置电炉上加热，控制在2min内加热至沸，在沸腾状态下以每2s一滴的速度继续滴加葡萄糖标准溶液，直至溶液蓝色刚好褪去为滴定终点。记录消耗葡萄糖标准溶液的体积。

3. 样品溶液预测定

准确吸取费林试剂甲液和乙液各5mL于三角瓶中，加水10mL，加入玻璃珠2粒，将三角瓶置电炉上加热，控制在2min内加热至沸，在沸腾状态下以4~5s一滴的速度，从滴定管中滴加样品溶液，待溶液颜色变浅时，以每2s一滴的速度滴定，直至溶液蓝色刚好褪去为滴定终点。记录样品消耗的体积。

4. 样品溶液测定

准确吸取费林试剂甲液和乙液各5mL于三角瓶中，加水10mL，加入玻璃珠 2 粒。从滴定管中滴加比预测定体积少 1mL 的样品溶液，将三角瓶置电炉上加热，控制在 2min 内加热至沸，在沸腾状态下以每 2s 一滴的速度继续滴加样品溶液，直至溶液蓝色刚好褪去为滴定终点。记录消耗样品溶液的体积。（平行操作 3 次，取平均值）

（七）实训结果计算

$$还原糖含量(以葡萄糖计\%) = \frac{c \times V_1 \times V}{m \times V_2 \times 1000} \times 100\%$$

式中　c——葡萄糖标准溶液的浓度，mg/mL；

　　　m——样品质量，g；

　　　V——样品定容，mL；

　　　V_1——滴定 10mL 费林试液（甲、乙各 5mL）消耗葡萄糖标准溶液的体积，mL；

　　　V_2——测定时平均消耗样品溶液的体积，mL。

（八）注意事项

（1）费林试剂甲液和乙液应分别贮存。

（2）滴定必须在沸腾条件下进行，其原因：一是可以加快还原糖与 Cu^{2+} 的反应速度；二是次甲基蓝反应是可逆的，还原型次甲基蓝遇到空气中的氧气时又会被氧化为氧化型。此外氧化亚铜也极不稳定，易被空气中氧所氧化。保持反应液沸腾可防止空气进入，避免次甲基蓝和氧化亚铜被氧化而增加耗糖量。

（3）样品液中还原糖浓度不宜过高或过低，一般控制在 0.1% 为宜。

（4）正式测定样品液时，预先加入比预测用量少 1mL 左右的样品液，且继续滴定至终点的体积应控制在 0.5~1mL 之内，以保证在 1min 内完成滴定工作，提高测定的准确度。

（5）滴定至终点指示剂被还原糖所还原，蓝色消失，呈淡黄色，稍放置接触空气中的氧气，指示剂被氧化，又重新变成蓝色，此时不应滴定。

（6）醋酸锌及亚铁氰化钾作为本法的澄清剂，这两种试剂混合形成白色的氰亚铁锌沉淀，能使溶液中的蛋白质共同沉淀下来，用于乳品及富含蛋白质的浅色糖液，澄清效果较好。

(三) 实训项目——蔗糖的测定

蔗糖是由一分子的葡萄糖和一分子果糖缩合而成，易溶于水，微溶于乙醇，不溶于乙醚。蔗糖水解后生成葡萄糖和果糖。

我国标准测定方法（GB 5009.8—2008）甚至国外通用方法均是采用还原糖的测定方法。

（一）实训原理

样品经除去蛋白质后，将蔗糖用盐酸水解，生成还原糖，再按还原糖的方法测定。水解前后还原糖的差值即为蔗糖的含量。

（二）实训试剂

6mol/L盐酸溶液；0.1%甲基红乙醇溶液；其他试剂与还原糖测定相同。

（三）实训操作

（1）样品处理　按还原糖测定法中的直接法处理。

（2）测定　吸取处理后的样品溶液50mL各2份置于容量瓶中，一份加入5mL 6mol/L的盐酸溶液，在68～70℃水浴中加热15min，冷却后加2滴甲基红指示剂，用20%氢氧化钠溶液中和至中性，加水至刻度，摇匀。另一份按直接滴定法测定还原糖。

（四）实训结果计算

$$蔗糖含量(\%) = (X_2 - X_1) \times 0.95$$

式中　X_2——水解处理后还原糖的含量,%；

$\quad\quad X_1$——不经水解处理的还原糖的含量,%；

$\quad$ 0.95——还原糖（以葡萄糖计）换算成蔗糖的系数。

四 总糖的测定

食品中的总糖是指具有还原性的糖和在测定条件下能水解为还原性单糖的蔗糖的总量。

测定总糖通常以还原糖的测定方法为基础，将食品中的非还原性双糖，经酸水解成还原性单糖，再按还原糖测定法进行测定。

五 淀粉的测定

淀粉是一种多糖，它广泛存在于植物的根、茎、叶、种子等组织中，是人类食物的重要组成部分，也是供给人体热能的主要来源。

许多食品中都含有淀粉，有的来自原料，有的是生产过程中为了改变食品的物理性状作为添加剂而加入的。如在糖果制造中作为填充剂；在雪糕、冰棒等冷饮食品中作为稳定剂；在肉罐制品中作为增稠剂，以增加制品的黏着性和持水性；在面包、饼干、糕点生产中用来调节面筋浓度和胀润度，使面团具有适合于工艺操作的物理性质等。淀粉含量是某些食品主要的质量指标，是食品生产管理中常用的分析项目。

淀粉的测定方法很多，通常采用酸或酶将淀粉水解为还原性单糖，再按还原糖测定法测定后折算为淀粉量。

（六）膳食纤维的测定

纤维是人类膳食中不可缺少的重要物质之一，在维持人体健康，预防疾病方面有着独特的作用，已日益引起人们的重视。食品粗纤维的测定，对食品品质管理和营养价值的评定具有重要意义。

食物纤维是指不能被人体消化道所分解消化的多糖类和木质素，总称膳食纤维。膳食纤维的测定方法主要有三种：非酶重量法、酶重量法和酶化学法。非酶重量法是一个古老的测定方法，只能用于粗纤维的测定。酶重量法可以测定总膳食纤维，是 AOAC 的标准方法。酶化学法是 AOAC 新近推荐的标准方法，但受条件限制，普通实验室难以实施。

任务六　蛋白质及氨基酸的测定

（一）概述

蛋白质是生命的物质基础，是构成生物体细胞组织的重要成分，是生物体发育及修补组织的原料，一切有生命的活体都含有不同类型的蛋白质。人体内的酸碱平衡、水平衡的维持，遗传信息的传递，物质的代谢及转运都与蛋白质有关。人及动物只能从食品得到蛋白质及其分解产物，来构成自身的蛋白质，故蛋白质是人体重要营养物质，也是食品中重要的营养指标。

在各种不同的食品中蛋白质含量各不相同。一般说来，动物性食品的蛋白质含量高于植物性食品。例如，牛肉中蛋白质含量为 20.0% 左右，猪肉为 9.5%，大豆为 40%，稻米为 8.5%。在食品加工过程中，蛋白质及其分解产物对食品的色、香、味和产品质量都有很大影响。测定食品中蛋白质的含量，对于评价食品的营养价值、合理开发利用食品资源、提高产品质量、优化食品配方、指导经济核算及生产过程控制均具有极其重要意义。

测定蛋白质含量最常用的方法是凯氏定氮法。由于食品中蛋白质含量不同又分为常量凯氏定氮法、半微量凯氏定氮法、微量凯氏定氮法及缩二脲法等。

（二）实训项目——蛋白质的测定（常量凯氏定氮法）

（一）实训目的

（1）掌握凯氏定氮法测定蛋白质的原理及操作技术。
（2）了解凯氏定氮仪的几个组成部分的功能。

（二）实训原理

蛋白质是含氮的有机化合物。样品与浓硫酸和催化剂一同加热消化，使蛋白质分解，分解的氨与硫酸结合生成硫酸铵，然后碱化蒸馏使氨游离，用硼酸吸收后再用硫酸或盐酸标准溶液滴定，根据酸的消耗量乘以换算系数，即为蛋白质含量。

（三）实训试剂

（1）浓硫酸；硫酸铜；硫酸钾。
（2）40% 氢氧化钠溶液。
（3）4% 硼酸吸收液　称取 20g 硼酸溶解于 500mL 热水中，摇匀备用。
（4）甲基红 – 溴甲酚绿混合指示剂　1 份 0.1% 甲基红乙醇溶液与 5 份 0.1% 溴甲酚绿乙醇溶液，临用时混合。

（四）实训仪器

凯氏烧瓶（500mL）；定氮蒸馏装置。

（五）实训操作

1. 样品处理

准确称取均匀的固体样品 0.2～2.0g，2～5g 半固体试样或吸取 10～20mL 液体试样（约相当氮 30～40mg），移入干燥的 100mL 或 500mL 定氮瓶中，加入 0.2g 硫酸铜，3g 硫酸钾及 20mL 硫酸，稍摇匀后于瓶口放一小漏斗，将瓶以 45°角斜支于有小孔的石棉网上（图 2–8）。小心加热，待内容物全部炭化，泡沫完全停止后，加强火力，并保持瓶内液体沸腾，至液体呈蓝绿色澄清透明后，再继续加热0.5～1h。取下放冷，小心加20mL水。放冷后，移入100mL容量瓶中。并用少量水洗定氮瓶，洗液并入容量瓶中，再加水至刻度，混匀备用。

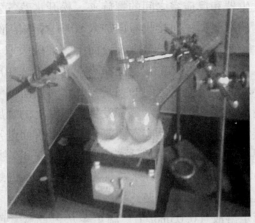

图2-8　炭化装置

2. 装置准备

按图2-9装好定氮蒸馏装置。

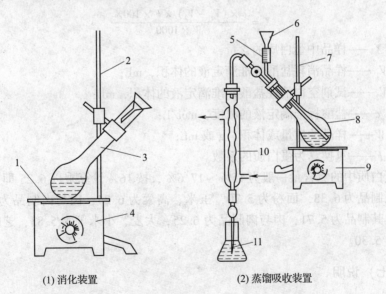

(1) 消化装置　　　　　　　(2) 蒸馏吸收装置

图2-9　常量凯氏定氮消化、蒸馏装置

1—石棉网　2、7—铁支架　3—凯氏烧瓶　4、9—电炉　5—玻璃珠　6—进样漏斗
8—蒸馏烧瓶　10—冷凝管　11—吸收液

装好定氮装置，于水蒸气发生瓶内装水至 2/3 处，加入数粒玻璃珠，加甲基红指示液数滴及数毫升硫酸，以保持水呈酸性，用调压器控制，加热煮沸水蒸气发生瓶内的水。

3. 碱化蒸馏

夹紧水蒸气发生器和反应室之间的螺旋夹，松开水蒸气发生器瓶塞上的螺旋夹和反应室下端的螺旋夹，向接收瓶内加入 10mL 硼酸溶液（20g/L）及 1～2 滴混合指示液，并使冷凝管的下端插入液面下，准确吸取 10mL 样品消化稀释液由小漏斗流入反应室，用 10mL 水洗涤小漏斗再加入 10mL 40% 氢氧化钠溶液，立即夹紧小漏斗和反应室之间的夹子，并水封以防漏气。打开水蒸气发生器和反应室之间的螺旋夹，夹紧水蒸气发生器瓶塞上的螺旋夹和反应室下端的螺旋夹，开始蒸馏。蒸汽通入反应室使氨通过冷凝管而进入接收瓶内，蒸馏 5min。移动接收瓶，液面离开冷凝管下端，再蒸馏 1min。然后用少量水冲洗冷凝管下端外部。取下接收瓶。松开水蒸气发生器瓶塞上的螺旋夹，迅速夹紧水蒸气发生器和反应室之间的螺旋夹，将废液排出。

以盐酸标准滴定溶液（0.05mol/L）滴定至灰色或蓝紫色为终点。同时准确吸取 10mL 试剂空白消化液按以上方法操作。

（六）实训结果计算

$$X = \frac{c \times (V_1 - V_2) \times F \times 100\%}{W \times 1000}$$

式中　X——样品中蛋白质的含量，%；

　　　V_1——样品消耗盐酸标准滴定液的体积，mL；

　　　V_2——试剂空白消耗盐酸标准滴定液的体积，mL；

　　　c——盐酸标准滴定液的浓度，mol/L；

　　　W——样品的质量或体积，g 或 mL；

　　　F——氮换算为蛋白质的系数。

蛋白质中的氮含量一般为 15%～17.6%，按 16% 计算乘以 6.25 即为蛋白质。乳制品为 6.38，面粉为 5.70，玉米、高粱为 6.24，肉与肉制品为 6.25，大豆及其制品为 5.71，肉与肉制品为 6.25，大麦、小米等为 5.83，芝麻、向日葵 5.30。

（七）说明

一般样品中尚有其他含氮物质，测出的蛋白质为粗蛋白。若要测定样品的蛋白氮，则需向样品中加入三氯乙酸溶液，使其最终浓度为 5%，然后测定未加入三氯乙酸的样品及加入三氯乙酸溶液后样品上清液中的含氮量，进一步算出蛋白质含量：蛋白氮 = 总氮 − 非蛋白氮。

(三) 实训项目——氨基酸总量的测定 （茚三酮比色法）

(一) 实训目的

学习茚三酮比色法测定氨基酸含量的方法。

(二) 实训原理

除脯氨酸、羟脯氨酸和茚三酮反应产生黄色物质外，所有氨基酸和蛋白质的末端氨基酸在碱性条件下与茚三酮作用，生成蓝紫色化合物，可用吸光光度法测定。该蓝紫色化合物的颜色深浅与氨基酸含量成正比，其最大吸收波长为570nm，故据此可以测定样品中氨基酸含量。本法可适用于氨基酸含量的微量检测。

茚三酮　　　　氨基酸　　　　还原型茚三酮　　　　醛类

蓝紫色产物

(三) 实训试剂

(1) 2% 茚三酮溶液　称取茚三酮 1.0g，溶于 25mL 热水，加入 40mg 氯化亚锡（$SnCl_2 \cdot H_2O$），搅拌过滤（作防腐剂）。滤液置冷暗处过夜，定容至 50mL，摇匀备用。

(2) pH8.04 磷酸缓冲液　准确称取磷酸二氢钾（KH_2PO_4）4.5350g 于烧杯中，用少量蒸馏水溶解后，定量转入 500mL 容量瓶中，用水稀释至标线，摇匀备用；再准确称取磷酸氢二钠（Na_2HPO_4）11.9380g 于烧杯中，用少量蒸馏水溶解后，定量转入 500mL 容量瓶中，用水稀释到标线，摇匀备用。取上述配好的磷酸二氢钾溶液10.0mL与190mL磷酸氢二钠溶液混合均匀即为pH8.04的磷酸缓冲溶液。

（3）氨基酸标准溶液 准确标准氨基酸0.2000g于烧杯中，先用少量水溶解后，定量转入100mL常量瓶中，用水稀释到标线，摇匀，准确吸取此液10.0mL于100mL容量瓶中，加水到标线，摇匀，此为200mg/L氨基酸标准溶液。

（四）实训仪器

分光光度计，如图2-10所示。

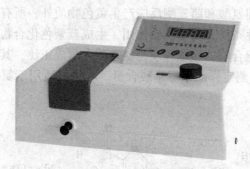

图2-10 分光光度计

（五）实训操作

1. 标准曲线绘制

准确吸取20mg/L的氨基酸标准溶液0.0、0.5、1.0、1.5、2.0、2.5、3.0mL（相当于0、100、200、300、400、500、600μg氨基酸），分别置于25mL容量瓶或比色管中，各加水补充至容积为4.0mL，然后加入茚三酮溶液和磷酸盐缓冲溶液各1mL，混合均匀，于水浴上加热15min，取出迅速冷至室温，加水至标线，摇匀。静置15min后，在570nm波长下，以试剂空白为参比液测定其余各溶液的吸光度A。以氨基酸的微克数为横坐标，吸光度A为纵坐标，绘制标准曲线。

2. 样品测定

吸取澄清的样品溶液1~4mL，按标准曲线制作步骤，在相同条件下测定吸光度A值，测得的A值在标准曲线上可查得对应的氨基酸微克数。

（六）实训结果计算

$$氨基酸含量(μg/100g) = C × 100/(m × 1000)$$

式中 C——从标准曲线上查得的氨基酸的质量数，μg；

　　m——测定的样品溶液相当于样品的质量，g。

（七）说明

（1）通常采用的样品处理方法　准确称取粉碎样品 5～10g 或吸取样液样品 5～10mL 置于烧杯中，加入 50mL 蒸馏水和 5g 左右活性炭，加热煮沸，过滤，用 30～40mL 热水洗涤活性炭，收集滤液于 100mL 容量瓶中，加水至标线，摇匀备测。

（2）茚三酮受阳光、空气、温度、湿度等影响而被氧化呈淡红色或深红色，使用前须进行纯化，纯化方法　取 10g 茚三酮溶于 40mL 热水中，加入 1g 活性炭，摇动 1min，静置 30min，过滤，将滤液放入冰箱中过夜，即出现蓝色结晶，过滤，用 2mL 冷水洗涤结晶，置于干燥器中干燥，装瓶备用。

任务七　维生素的测定

一　概述

　　维生素是维持人体正常生理功能所必需的一类天然有机化合物。其种类繁多，结构复杂，理化性质及生理功能各异，并具有以下共同点：维生素或其前体都在天然食物中存在；它们既不能供给机体热能，也不能构成机体成分，其主要功用是通过作为辅酶的成分来调节代谢过程，需要量极小；一般在体内不能合成，或合成量不能满足生理需要，必须经常从食物中摄取；长期缺乏任何一种都会导致相应疾病，摄入量过多，超过生理需要量，可导致体内积存过多而引起中毒。

　　在正常摄取条件下，没有任何一种食物可满足人体所需的全部维生素，人们必须在日常生活中合理调配饮食结构，以获得适量的各种维生素。测定食品中维生素的含量，在评定食品的营养价值，开发利用富含维生素的食品资源，指导人们合理调整膳食结构，防止维生素缺乏症以及在食品加工、贮存过程中指导人们制定合理的工艺及贮存条件等方面，具有重要的意义及作用。

　　根据维生素的溶解性特性，习惯上将其分为两大类：脂溶性维生素和水溶性维生素。前者溶于脂肪或脂溶剂，是在食物中与脂类共存的一类维生素，包括维生素 A、维生素 D、维生素 E、维生素 K 等。其共同特点是摄入后存在于脂肪组织中，不能从尿中排出，大剂量摄入时引起中毒。后者溶于水，包括 B 族维生素、维生素 C 等。其共同特点是一般只存在于植物性食物中，满足组织需要后都能从机体排出。人体比较容易缺乏而在营养上又较重要的维生素主要有：维生素 A、维生素 D、维生素 E、维生素 C、维生素 B_1、维生素 B_2、维生素 B_5、维生素 B_6 等。

测定维生素含量的方法有化学法、仪器法、微生物法和生物鉴定法。

（二）实训项目——维生素 A 的测定 （三氯化锑光度法）

维生素 A 存在于动物性脂肪中，主要来源于肝脏、鱼肝油、蛋类、乳类等动物性食物中，在植物体内以胡萝卜素的形式存在。

维生素 A 的测定方法有三氯化锑比色法、紫外分光光度法、荧光法、气相色谱法和高效液相色谱法等。

（一）实训目的

（1）掌握三氯化锑比色法测定维生素 A 的原理及测定方法。
（2）掌握分光光度计的操作技术。

（二）实训原理

在氯仿溶液中，维生素 A 与三氯化锑作用可生成蓝色可溶性络合物，其深浅与维生素 A 的含量在一定范围内成正比，但需在一定时间内在 620nm 波长处测定吸光度。

（三）实训试剂

（1）无水硫酸钠　不吸附维生素 A。
（2）乙酸酐。
（3）无水乙醚　应不含过氧化物，以免使维生素 A 破坏，否则应蒸馏后再用。重蒸乙醚时，瓶内放入少许铁末或细铁丝。弃去 10% 初馏液和 10% 残留液。
（4）无水乙醇　不应含醛类物质，否则应脱醛处理。取 2g 硝酸银溶于少量水中。取 4g 氢氧化钠溶于温乙醇中。将两者倾入盛有 1L 乙醇的试剂瓶内，振摇后，暗处放置 2d。取上清液蒸馏，弃去初馏液 50mL。若乙醇中含醛较多，可适当增加硝酸银用量。
（5）三氯甲烷　不应含分解物，以免使维生素 A 破坏，否则应除去。除去分解物时，可置三氯甲烷于分液漏斗中，加水洗涤数次，用无水硫酸钠或氯化钙脱水，然后蒸馏。

（6）20%～25%三氯化锑－三氯甲烷溶液　将20～25g干燥的三氯化锑迅速投入装有100mL三氯甲烷的棕色瓶中，振摇，使之溶解，再加入无水硫酸钠10g。用时吸取上层清液。

（7）50%氢氧化钾溶液。

（8）0.5mol/L氢氧化钾溶液。

（9）维生素A标准溶液　视黄醇（纯度85%）或视黄醇乙酸酯（纯度90%）经皂化处理后使用。取脱醛乙醇溶解维生素A标准品，使其浓度大约为1mL相当于1mg视黄醇。临用前以紫外分光光度法标定其准确浓度。

（10）酚酞指示剂　用95%乙醇配制1%的溶液。

（四）实训操作

1. 标准曲线的绘制

准确吸取维生素A标准溶液0、0.1、0.2、0.3、0.4、0.5mL于6个10mL容量瓶中，用三氯甲烷定容，得到标准系列使用液。再取6个3cm比色杯顺次移入标准系列使用液各1mL，每个杯中加乙酸酐1滴，制成标准比色系列。在620nm波长处，以10mL三氯甲烷加1滴乙酸酐调节光度计零点。然后，在标准比色系列按顺序移到光路前，迅速加入9mL三氯化锑－三氯甲烷溶液，于6s内测定吸光度（每支比色杯都在临测前加入显色剂）。以维生素A含量为横坐标，以吸光度为纵坐标绘制曲线。

2. 样品处理

因含有维生素A的样品，多为脂肪含量高的油脂或动物性食品，故必须首先除去脂肪，把维生素A从脂肪中分离出来。常规的去脂方法是采用皂化法和研磨法。

（1）皂化　称取0.5～5.0g经组织捣碎机捣碎或充分混匀的样品于三角瓶中，加入10mL 50%氢氧化钾及20～40mL乙醇，在电热板上回流30min。加入10mL水，稍稍振摇，若无混浊现象，表示皂化完全。

（2）提取　将皂化液移入分液漏斗。先用30mL水分2次冲洗皂化瓶（如有渣子，用脱脂棉滤入分液漏斗），再用50mL乙醚分2次冲洗皂化瓶，所有洗液并入分液漏斗中，振摇2min（注意放气），提取不皂化部分。静置分层后，水层放入第二分液漏斗中。皂化瓶再用30mL乙醚分2次冲洗，洗液倾入第二分液漏斗中，振摇后静置分层，将水层放入第三分液漏斗中，醚层并入第一分液漏斗中。如此重复操作，直至醚层不再使三氯化锑－三氯甲烷溶液呈蓝色（无维生素A）为止。

（3）洗涤　在第一分液漏斗中，加入30mL水，轻轻振摇；静置片刻后，放去水层。再在醚层中加入 15 ~ 20mL 0.5mol/L 的氢氧化钾溶液，轻轻振摇后，弃去下层碱液（除去醚溶性酸皂）。继续用水洗涤，至水洗液不再使酚酞变红为止。醚液静置 10 ~ 20min 后，小心放掉析出的水。

（4）浓缩 将醚液经过无水硫酸钠滤入三角瓶中，再用约 25mL 乙醚冲洗分液漏斗和硫酸钠 2 次，洗液并入三角瓶内。用水浴蒸馏，回收乙醚。待瓶中剩约 5mL 乙醚时取下。减压抽干，立即准确加入一定量三氯甲烷（约 5mL），使溶液中维生素 A 含量在适宜浓度范围内（3 ~ 5μg/mL）。

3. 样品测定

取 2 个 3cm 比色杯，分别加入 1mL 三氯甲烷（样品空白液）和 1mL 样品溶液，各加 1 滴乙酸酐。其余步骤同标准曲线的制备。分别测定样品空白液和样品溶液的吸光度，从标准曲线中查出相应的维生素 A 含量。

（五）实训结果计算

$$X = [(C - C_0)/m] \times V \times 100/1000$$

式中　X——维生素 A 含量，mg/100g；

　　　C——由标准曲线上查得样品溶液中维生素 A 含量，μg/mL；

　　　C_0——由标准曲线上查得样品空白维生素 A 的含量，μg/mL；

　　　m——样品质量，g；

　　　V——样品提取后加入三氯甲烷定容之体积，mL；

100/1000——将样品中维生素 A 由 μg/g 折算成 mg/100g 的折算系数。

三 实训项目——维生素 C 的测定（2，6 - 二氯靛酚滴定法）

维生素 C 又名抗坏血酸，是一种己糖醛酸。维生素 C 广泛存在于植物组织中，新鲜的水果、蔬菜，特别是枣、辣椒、苦瓜、柿子叶、猕猴桃、柑橘等食品中含量尤为丰富。

维生素 C 具有较强的还原性，对光敏感，氧化后的产物称为脱氢抗坏血酸，仍然具有生理活性，进一步水解生成 2，3 - 二酮古洛糖酸，则失去生理作用。

测定维生素 C 常用的方法有靛酚滴定法、苯肼比色法、荧光法及高效液相色谱法、极谱法等。

（一）实训目的

（1）掌握 2，6 - 二氯靛酚滴定法测定维生素 C 的原理及操作技术。

（2）掌握滴定的操作技术。

（二）实训原理

还原型抗坏血酸（即维生素 C）可以还原染料 2, 6 - 二氯靛酚。该染料在酸性溶液中呈粉红色（在中性或碱性溶液中呈蓝色），被还原后颜色消失。还原型抗坏血酸还原染料后，本身被氧化成脱氢抗坏血酸。在没有杂质干扰时，一定量的样品提取液还原标准染料液的量，与样品中还原型抗坏血酸含量成正比。

（三）实训试剂

（1）10g/L 的草酸溶液；20g/L 的草酸溶液；10g/L 淀粉溶液；60g/L 碘化钾溶液。

（2）抗坏血酸（维生素 C）标准溶液　准确称取 20mg 抗坏血酸，溶于 10g/L 的草酸中，并稀释至 100mL，置冰箱中保存。用量取出 5mL，置于 50mL 容量瓶中，用 10g/L 草酸溶液定容，配成 0.02mg/mL 的标准溶液。

①标定：吸取此标准液 5mL 于三角瓶中，加入 60g/L 碘化钾溶液 0.5mL、10g/L 淀粉溶液 3 滴，以 0.001mol/L 碘酸钾标准溶液滴定，终点为淡蓝色。

②计算：

$$C = \frac{V_1 \times 0.088}{V_2}$$

式中　C——抗坏血酸标准溶液的浓度，mg/mL；

V_1——滴定时消耗 0.001mol/L 碘酸钾标准溶液的体积，mL；

V_2——滴定时所取抗坏血酸的体积，mL；

0.088——1mL 0.001mol/L 碘酸钾标准溶液相当于抗坏血酸的量，mg/mL。

（3）2, 6 - 二氯靛酚溶液　称取 2, 6 - 二氯靛酚 50mg，溶于 200mL 含有 52mg 碳酸氢钠的热水中，待冷却，置于冰箱中过夜。次日过滤于 250mL 棕色容量瓶中，定容，在冰箱中保存。每星期标定 1 次。

①标定：取 5mL 已知浓度的抗坏血酸标准溶液，加入 10g/L 草酸溶液 5mL，摇匀，用 2, 6 - 二氯靛酚溶液滴定至溶液呈粉红色，在 15s 不褪色为终点。

②计算：

$$T = \frac{C \times V_1}{V_2}$$

式中　T——每毫升染料溶液相当于抗坏血酸的质量，mg/mL；

C——抗坏血酸的浓度，mg/mL；

V_1——抗坏血酸标准溶液的体积，mL；

V_2——消耗 2, 6 - 二氯靛酚的体积，mL。

（4）0.000167mol/L 碘酸钾标准溶液　准确称取干燥的碘酸钾 0.357g，用水稀释至 100mL，取出 1mL，用水稀释至 100mL，此溶液 1mL 相当于抗坏血酸 0.088mg。

（四）实训操作

1. 鲜样制备

称 100g 鲜样品，加等量的 20g/L 草酸溶液，倒入组织捣碎机中打成匀浆。取 10~40g 匀浆（含抗坏血酸 1~2mg）于 100mL 容量瓶内，用 10g/L 草酸稀释至刻度，混合均匀。

2. 干样品制备

称 1~4g 干样品（含 1~2mg 抗坏血酸）放入乳钵内，加 10g/L 草酸溶液磨成匀浆，倒入 100mL 容量瓶中，用 10g/L 草酸稀释至刻度。过滤上述样液，不易过滤的可用离心机沉淀后，倒出上清液，过滤备用。

3. 滴定

吸取 5~10mL 滤液。置于 50mL 三角瓶中，快速用 2, 6 – 二氯靛酚溶液滴定，直到红色不能立即消失，而后再尽快地一滴一滴的加入，以呈现的粉红色在 15s 内不消失为终点。同时做空白。滴定管的使用如图 2 – 11 所示。

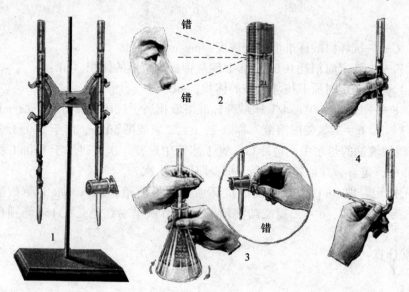

图 2 – 11　滴定管的使用

1—滴定管架上的滴定管（左：碱式滴定管　右：双式滴定管）

2—观看管内液体的凹液面最低处保持水平

3—酸式滴定管的使用：右手拿住锥形瓶颈，向同一方向转动。左手旋开（或关闭）活塞，使滴定液逐滴加入

4—碱式滴定管的使用：左手捏挤玻璃球处的橡皮管，是液体逐渐下降。如果管内有气泡，要先赶掉气泡

（五）实训结果计算

$$X = \frac{(V - V_0) \times T}{m} \times 100\%$$

式中　X——样品中抗坏血酸含量，mg/100g；

　　　T——1mL 染料溶液相当于抗坏血酸标准溶液的量，mg/mL；

　　　V——滴定样液时消耗染料的体积，mL；

　　　V_0——滴定空白时消耗染料的体积，mL；

　　　m——滴定时所取滤液中含有样品的质量，g。

项目三
常见食品添加剂的测定

　　食品添加剂是指为了改进和提高食品质量，延长贮藏期，增加营养，改进食品色、香、味，方便加工、生产、处理、包装和保藏等过程中所加入和使用的少量的化学合成或天然物质。

　　食品添加剂的种类很多，按其来源可分为天然食品添加剂和化学合成添加剂两大类。天然食品添加剂是利用动植物组织或分泌物及以微生物的代谢产物为原料，经过提取、加工所得到的物质。化学合成添加剂是通过一系列化学手段所得到的有机或无机物质。目前我国允许使用并制订了国家标准的食品添加剂有：防腐剂、酸味剂、甜味剂、香精香料、着色剂、发色剂、疏松剂、凝固剂、增稠剂、抗氧化剂、漂白剂、消泡剂、抗结剂、品质改良剂等22类。

　　天然食品添加剂一般对人体无害，但目前所使用的添加剂中，绝大多数是化学合成添加剂，有的具有一定的毒性，有的在食品中起变态反应，或转化成其他有毒物质。通过动物实验证实，有些物质有致癌、致畸、致突变等作用。如不加以限制使用，对人体健康将产生危害。例如，硝酸盐和亚硝酸盐对腌制肉禽和鱼类是很好的发色剂，它能和肉、禽、鱼中的肌红蛋白产生血红蛋白，使肉显示出鲜红颜色，它和食盐在一起还有抗菌作用。但近几年来发现肉食中加入硝酸盐和亚硝酸盐，它可能和肉食中的仲铵盐、叔铵盐生成致癌物质——亚硝铵类，而引起人们的重视。因此，我国对食品添加剂的使用制定有安全标准，不但明确规定加入到食品中添加剂的种类、名称和使用范围，而且具体规定最大使用量和残留量。

　　食品添加剂的种类很多，测定食品添加剂的方法也很多。本章将介绍食品中一些常用的添加剂的测定方法。

任务一 防腐剂的测定

(一) 概述

防腐剂是在食品保存过程中具有抑制或杀灭微生物作用的一类物质。在食品工业生产中，为延长食品的货架期，防止食品腐败变质，常常加入一些防腐剂，以作为食品保藏的辅助手段。在我国，防腐剂一般可以分为四大类：酸性防腐剂如苯甲酸、山梨酸、丙酸和它们的盐类；酯性防腐剂如没食子酸酯、抗坏血酸棕榈酸酯等；无机盐防腐剂如含硫的亚硫酸盐、焦亚硫酸盐类等；生物防腐剂如乳酸链球菌素、溶菌酶等。由于防腐剂对人体有一定的毒副作用，因此对其在食品中的添加量有严格的限制。目前我国允许使用的防腐剂主要有苯甲酸及其钠盐、山梨酸及其钾盐，可用于酱油、酱菜、水果汁和果酱等。汽水、蜜饯类、面酱类等必要时亦可使用。最大使用量为1.0g/kg。

苯甲酸及其钠盐和山梨酸及其钾盐的测定方法有薄层色谱法、气相色谱法、高效液相色谱法、紫外分光光度法、酸碱滴定法及硫代巴比妥酸比色法等。

(二) 实训项目——碱滴定法测定苯甲酸

(一) 实训目的

(1) 掌握碱滴定法测定苯甲酸的原理及操作技术。
(2) 掌握滴定法的操作技术。

(二) 实训原理

样品中的苯甲酸加入氯化钠饱和溶液后，在酸性条件下可用乙醚等有机试剂提取，蒸去乙醚后溶于中性乙醇中，再用标准碱溶液滴定，求出样品中苯甲酸的含量。

(三) 实训试剂

(1) 乙醚 将乙醚于蒸馏瓶中置水浴上蒸馏，截取35℃的馏分。

（2）1:1盐酸溶液　10%氢氧化钠溶液；氯化钠饱和溶液；氯化钠。

（3）95%中性乙醇　在乙醇（95%）中加入数滴酚酞指示剂，以氢氧化钠溶液中和至微红色。

（4）酚酞指示剂（1%乙醇溶液）。

（5）0.05mol/L氢氧化钠标准溶液。

（四）实训操作

称取均匀试样75.0g（精确至0.1g），置于300mL烧杯中，加入7.5g氯化钠，经搅拌使之溶解后，再加70mL氯化钠饱和溶液，用10%氢氧化钠溶液中和至呈碱性（以石蕊试纸试验），将溶液移入250mL容量瓶中，以氯化钠饱和溶液洗涤烧杯并一同移入容量瓶中，并以氯化钠饱和溶液稀释至刻度，放置2h，并不时摇动。然后过滤，吸取滤液100mL，放入500mL分液漏斗中，加1:1盐酸至呈酸性（以石蕊试纸试验），再加过量3mL，然后相继用70、60、60mL纯乙醚，小心地用旋转方法抽提，每次摇动不少于5min，待静置分层后，将有机层放出，将3次的乙醚抽提液汇集于另一分液漏斗中，用水洗涤，每次10mL，直至最后10mL洗液不显酸性（以石蕊试纸试验）为止。

将乙醚抽提液放入三角瓶中，于40℃的水浴上回收乙醚（或索氏萃取瓶回收），至剩余少量乙醚，取下，打开瓶口，用风扇吹干。加入50mL中性乙醇和12mL水，加酚酞指示剂3滴，以0.05mol/L氢氧化钠标准溶液滴定至浅红色为止。

（五）结果计算

$$X = \frac{V \times c \times 0.1441 \times 2.5}{m} \times 100\%$$

式中　X——苯甲酸钠的含量，g/kg；

　　　V——滴定时所耗氢氧化钠标准溶液的体积，mL；

　　　c——氢氧化钠标准溶液的浓度，mol/L；

　　　m——样品的质量，g；

　0.1441——苯甲酸的毫摩尔质量，g。

（三）实训项目——硫代巴比妥酸比色法测定山梨酸及其盐类

（一）实训目的

（1）掌握硫代巴比妥酸比色法测定山梨酸及其盐类的原理及操作技术。

（2）掌握分光光度计的操作技术。

（二）实训原理

根据山梨酸在酸性条件下能随水蒸气一起蒸馏出来的特点，可在酸性溶液中用蒸汽蒸馏的方法将样品中的山梨酸蒸馏出来，去除了非挥发性的干扰物质。山梨酸在弱氧化条件下氧化成丙二醛，再与硫代巴比妥酸反应，生成红色络合物，颜色的深浅与山梨酸含量成正比。于波长 530nm 处有最大的吸收，测定吸光度以定量。

（三）实训试剂

（1）重铬酸钾 – 硫酸溶液　0.1mol/L 重铬酸钾与 0.3mol/L 硫酸按 1:1 比例混合。

（2）硫代巴比妥酸溶液　准确称取 0.5g 硫代巴比妥酸于 100mL 容量瓶中，加入 20mL 水，加 10mL 1mol/L 氢氧化钠溶液充分摇匀，使之完全溶解后，再加入 11mL 1mol/L 盐酸，用水定容。

（3）山梨酸钾标准溶液　准确称取 250mg 山梨酸钾于 250mL 容量瓶中，用蒸馏水溶解并定容，此溶液 1mL 含山梨酸钾 1mg。使用时再稀释为 0.1mg/mL（取 25mL，用蒸馏水定容 250mL）。

（四）实训仪器

（1）分光光度计。
（2）组织捣碎机。
（3）10mL 比色管（如图 3 – 1 所示）。

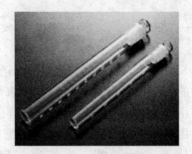

图 3 – 1　10mL 比色管

（五）实训操作

1. 样品处理

称取 100g 样品，加水 200mL，于捣碎机内捣成匀浆。称取匀浆 100g，加水 200mL 继续捣 1min，称取 10g 于 250mL 容量瓶中定容，摇匀，过滤备用。

2. 标准曲线绘制

吸取 0、2.0、4.0、6.0、8.0、10.0mL 浓度为 0.1mg/mL 的山梨酸钾标准溶液于 200mL 容量瓶中，用水定容（分别相当于 0.0、1.0、2.0、3.0、4.0、5.0μg/mL 山梨酸钾）。分别吸取 2.0mL 于相应的 10mL 比色管中，加 2mL 重

铬酸钾－硫酸溶液，于100℃水浴中加热7min，立即加入2.0mL硫代巴比妥酸，继续加热10min，立刻用冷水冷却，在分光光度计中以530nm测定吸光度，绘制标准曲线。

3. 测定

吸取试样处理液2mL于比色管中，按标准曲线绘制的操作程序，自"加2mL重铬酸钾－硫酸溶液"开始依次操作，于分光光度计中，以530nm测定吸光度，从标准曲线上查出相应浓度。

（六）实训结果计算

$$山梨酸钾(g/kg) = \frac{C \times 250}{m \times 2}$$

$$山梨酸含量(g/kg) = \frac{山梨酸钾含量}{1.34}$$

式中　C——试样中含山梨酸钾浓度，mg/mL；

m——称取匀浆相当于试样的质量，g；

2——用于比色管试样溶液体积，mL；

250——试样处理液总体积，mL。

任务二　甜味剂的测定

一　概述

甜味是人们最喜爱的味觉刺激之一，我们称赋予食品的甜味为主要目的的食品添加剂为甜味剂。甜味剂分为天然甜味剂和合成甜味剂两大类。常用的甜味剂有糖精、甜叶菊苷、甜蜜素、蔗糖等。糖精和糖精钠是广泛使用的人工甜味剂。我国规定糖精可用于酱菜类、调味酱汁、浓缩果汁、蜜饯类、配制酒、冷饮类、糕点、饼干和面包等。最大使用量为0.15g/kg。但由于糖精对人体并无营养作用，也不是食品中的天然成分，仍尽量少用或不用。婴幼儿食品、病人食品和大量食用的主食（例如馒头、发糕）都不应使用。

（二）糖精 （糖精钠） 的测定方法

测定糖精、糖精钠的方法有薄层色谱法、紫外分光光度法、酚磺酞比色法、高效液相色谱法、离子选择电极法、纳氏比色法等。糖精钠是食品中的一种重要添加剂，国标规定测定方法是酚磺酞比色法。但此法测定时比较繁琐，不易操作。实践证明，纳氏比色法简单易行，结果也比较准确。

（三）实训项目——纳氏比色法测定糖精钠

（一）实训目的

（1）掌握纳氏比色法测定糖精钠的原理及操作技术。

（2）掌握分光光度计的使用。

（二）实训原理

在酸性条件下，用乙醚萃取糖精，然后挥去乙醚，残渣在强酸条件下加热水解，使糖精生成铵盐；铵盐再与碘化汞和碘化钾的复盐（$HgI_2 \cdot 2KI$）反应生成黄色的化合物。颜色的深浅与糖精钠含量成正比关系。根据反应原理可用硫酸铵作为标准，间接求出糖精钠的含量。

（三）实训试剂

（1）4% 氢氧化钠溶液；0.02mol/L 氢氧化钠溶液；10% 硫酸铜溶液；1:1硫酸溶液；1:1 盐酸溶液；30% 过氧化氢；0.01mol/L 盐酸溶液；10% 氯化汞溶液。

（2）纳氏试剂　称取55g 碘化汞和1.25g 碘化钾溶于25mL 水中，另称取144g 氢氧化钠溶于500mL 水中冷却后，两液合并，用水稀释至1000mL 贮存于棕色瓶中，放置过夜。

（3）硫酸铵标准溶液　准确称取预先干燥的硫酸铵0.13216g溶于1000mL无氨水中。此溶液每毫升相当于含1mg 糖精钠。

（4）无氨水　取蒸馏水加硫酸数滴重蒸即得。

（5）透析溶液　称取2.5g 氯化钠溶于0.01mol/L 盐酸中，并稀释至1000mL。样品如需防腐剂应加入10% 氯化汞1mL。

(四) 实训仪器

25mL 比色管；凯式烧瓶；721 分光光度计。

(五) 实训操作

1. 样品处理

(1) 样品如为不含蛋白质、脂肪等的液体，如汽水（如有二氧化碳存在，应先放在60~70℃水浴上加热除之），直接称取样品 10g，加酸酸化，用 20、10、10mL 的乙醚分三次提取，合并乙醚提取液，分别用水 5mL 洗涤两次，弃去水层，乙醚层通过无水硫酸钠柱过滤于 50mL 容量瓶中，加乙醚稀释至刻度。

(2) 样品如系含酒精的液体，称取样品 10g，加 10mL 水，加 4% 氢氧化钠使呈碱性，在水浴上蒸发出去究竟，加酸酸化，以下按照 (1) 操作。

(3) 乳和乳制品，称取样品 50.0g，用温水移入 250mL 容量瓶中，加 10% 硫酸铜溶液 10mL，滴加 4% 氢氧化钠溶液至沉淀完全，待溶液透明后，加水稀释至刻度，摇匀，过滤。吸取滤液 50mL，置于分液漏斗中，加 1:1 盐酸溶液 2mL，使呈酸性。用 50、30、20mL 乙醚分三次提取，合并醚层，分别用水洗涤两次。将乙醚层通过无水硫酸钠柱过滤于 100mL 容量瓶中，加乙醚稀释至刻度。

(4) 样品如为含蛋白质、脂肪、淀粉的蜜饯、酱菜、饼干等，则称取经捣碎混合均匀样品 20.0g，放入透析膜内（即市售玻璃纸）内，加入透析溶液 20mL，充分混合，将透析膜上端用细绳扎紧，置于先盛有 200mL 水的烧杯中，使膜内液面同外液大体保持平衡，盖上表面皿，并在常温下放置过夜，并经常振摇进行透析。

吸取透析外液 100mL，移至分液漏斗中，加 1:1 盐酸使呈酸性，以下按照上述 (3) 进行操作。

2. 样品分析

取上述样品提取醚液 10.00~20.00μL 移入 50mL 凯氏烧瓶中，在热水浴中蒸干乙醚，加入 0.02mol/L NaOH 溶液 1mL 溶解残渣，加 1:1 H_2SO_4 0.5mL，在微火上消化，至微黑后加入 30% 双氧水 3~4mL，继续加热消化 10min，至无色透明为止，冷却，用无氨水分三次将其溶液移入 25mL 比色管中，加入纳氏试剂 5mL 摇匀，加无氨水至刻度摇匀。于分光光度计 430nm 波长处测定吸光度。根据测得的吸光度，从标准曲线查得相应的标准的含量，求得样品中糖精的含量。

3. 标准曲线的绘制

分别准确吸取每毫升相当于1mg糖精的硫酸铵标准溶液，0.0、0.1、0.3、0.5、0.7、0.9mL，分别移入25mL纳氏比色管中，分别加入1:1的H_2SO_4溶液0.5mL和少量水，再加入纳氏试剂5mL，混匀，加无氨水稀释至刻度。在430nm波长处测定吸光度。

（六）实训结果计算

$$X = \frac{m}{W} \times 1000$$

式中　X——糖精含量，mg/kg；

　　　m——测定时样品溶液中的糖精含量，mg；

　　　W——测定时样品溶液相当于样品的质量，g。

任务三　发色剂的测定

一　概述

在食品加工过程中，常添加适量的化学物质与食品中的某些在分作用，而使制品呈现良好的色泽，这些物质称为发色剂。其中常用的发色剂是硝酸盐和亚硝酸盐。

硝酸盐和亚硝酸盐作为食品添加剂，过多地使用对人体产生毒害作用。亚硝酸盐与仲胺反应生成具有致癌作用的亚硝胺。过多地摄入亚硝酸盐会引起正常血红蛋白（二价铁）转变成正铁血红蛋白（三价铁）而失去携氧功能，导致组织缺氧。以亚硝酸钠计ADI 0~0.2mg/kg，以硝酸钠计ADI 0~0.5mg/kg。GB 2760—2011《食品安全国家标准　食品添加剂使用标准》规定：亚硝酸钠、硝酸钠的使用限于肉类制品及肉类罐头中，最大使用量：硝酸钠为0.5g/kg，亚硝酸钠为0.15g/kg，残留量以亚硝酸钠计，肉类罐头不超过0.05g/kg，肉制品不超过0.03g/kg。

硝酸盐和亚硝酸盐的测定方法很多，公认的测定法为盐酸萘乙二胺法测亚硝酸盐含量，镉柱法测硝酸盐含量。还有气相色谱法、荧光法和离子选择性电极法等。

（二）　实训项目——亚硝酸钠的测定（盐酸萘乙二胺法）

（一）实训目的

（1）掌握盐酸萘乙二胺比色法测定食品中亚硝酸盐含量的原理和方法。

（2）熟悉样品制备、提取、比色等基本操作技术。

（二）实训原理

样品经沉淀蛋白质、除去脂肪后，在弱酸性条件下亚硝酸盐与对氨基苯磺酸重氮化，再与盐酸萘乙二胺偶合形成紫红色染料，其最大吸收波长为538nm，可测定吸光度并与标准比较定量。

（三）实训材料

1. 样品

香肠、腊肠、火腿、腊肉等熟肉制品。

2. 试剂

（1）氯化铵缓冲溶液（pH9.6~9.7）　1L 容量瓶中加入 500mL 水，准确加入 20.0mL 盐酸，摇匀；准确加入 50mL 氢氧化铵，用水稀释至刻度。必要时用稀盐酸和稀氢氧化铵调试 pH 至所需范围。

（2）硫酸锌溶液（0.42mol/L）　称取 120g 硫酸锌（$ZnSO_4 \cdot 7H_2O$），用水溶解，并稀释至 1000mL。

（3）氢氧化钠溶液（20g/L）　称取 20g 氢氧化钠，用水溶解，稀释至 1L。

（4）对氨基苯磺酸溶液　称取 10g 对氨基苯磺酸，溶于 700mL 水和 300mL 冰乙酸中，置棕色试剂瓶中混匀，室温保存。

（5）盐酸萘乙二胺溶液（别名 N-1-萘基乙二胺）（1g/L）　称取 0.1g 盐酸萘乙二胺，加 60% 乙酸溶解并稀释至 100mL，混匀后置棕色瓶中，于冰箱中保存，一周内稳定。

（6）显色剂　临用前将盐酸萘乙二胺溶液（1g/L）和对氨基苯磺酸溶液等体积混合。

（7）亚硝酸钠标准溶液（500μg/mL）　精密称取 250.0mg 于硅胶干燥器中干燥 24h 的亚硝酸钠，加水溶解移入 500mL 容量瓶中，加 100mL 氯化铵缓冲液，加水稀释至刻度，混匀，在 4℃避光保存。

（8）亚硝酸钠标准使用液（5.0μg/mL）　吸取亚硝酸钠标准溶液

1.00mL，置于100mL容量瓶中，加水稀释至刻度。临用现配。

3. 实训器材

（1）小型粉碎机。

（2）组织捣碎机。

（3）分光光度计。

（4）天平。

（5）恒温水浴锅，如图3-2所示。

图3-2 恒温水浴锅

（6）25mL比色管或25mL具塞试管。

（7）其他器材：200mL容量瓶、吸管、漏斗等。

（四）实训操作

1. 样品处理

称取约10.00g（粮食取5.00g）经绞碎混匀的样品，置于捣碎机中，加70mL水和12mL氢氧化钠溶液（20g/L），混匀，测试样品溶液的pH，如样品溶液呈酸性，用氢氧化钠溶液调pH8.0，定量转移至200mL容量瓶中，加10mL硫酸锌溶液，混匀，如不产生白色沉淀，再补加2~5mL 20g/L氢氧化钠，混匀。置60℃水浴中加热10min，取出后冷至室温，加水至刻度，混匀。放置0.5h，用滤纸过滤，弃去初滤液20mL，收集滤液备用。

2. 测定

（1）标准曲线的制备 吸取0、0.5、1.0、2.0、3.0、4.0、5.0mL亚硝酸钠标准使用液（相当于0、2.5、5、10、15、20、25μg亚硝酸钠），分别置于25mL具塞试管中。于标准管中分别加入4.5mL氯化铵缓冲液，加2.5mL 60%冰乙酸后，立即加入5.0mL显色剂，加水至刻度，混匀，在暗处放置25min。用1cm比色杯（灵敏度低时可换2cm比色杯），以零管调节零点，于波长550nm处测吸光度，绘制标准曲线。

低含量样品制备标准曲线时的标准系列为：吸取0、0.4、0.8、1.2、1.6、2.0mL亚硝酸钠标准使用液（相当于0、2、4、6、8、10μg亚硝酸钠）。

（2）样品测定 吸取10.0mL样品滤液于25mL比色管中，以下操作按

"标准曲线的制备"中自"于标准管中分别加入4.5mL氯化铵缓冲液"起依法操作。同时做试剂空白。

（五）结果计算

$$X = \frac{m_1 \times 1000}{m \times (10/200) \times 1000}$$

式中　　X——样品中亚硝酸盐含量，mg/kg；

m_1——测定用样液中亚硝酸盐的质量，μg；

m——样品质量，g；

200——样液总量，mL；

10——被测样液量，mL；

1000——分母将μg换算为mg；

1000——分子将g含量换算为kg含量。

任务四　漂白剂的测定

一　概述

能破坏、抑制食品的发色因素，使色素褪色或使食品免于褐变的添加剂称为漂白剂。漂白剂除了具有漂白作用外，对微生物也有显著的抑制作用。常用的漂白剂有：二氧化硫、亚硫酸钠、亚硫酸氢钠、低亚硫酸钠、焦亚硫酸钠、过氧化氢、次氯酸等。目前，在我国食品行业中，使用较多的是二氧化硫和亚硫酸盐。两者本身并没有什么营养价值，出非食品中不可缺少成分，而且还有一定的腐蚀性，对人体健康也有一定影响，因此在食品中添加应加以限制。

我国规定：残留量以二氧化硫计，竹笋、蘑菇残留量不得超过25mg/kg；饼干、食糖、罐头不得超过50mg/kg；赤砂糖及其他不得超过100mg/kg。

二　实训项目——二氧化硫及硫酸盐的测定　（碘量法）

（一）实训目的

掌握碘量法测定二氧化硫及硫酸盐的方法。

（二）实训原理

样品中的二氧化硫（包括游离型和结合型的），加入氢氧化钾破坏其结合状态，并使之稳定。假如硫酸又使二氧化硫游离，用碘标准溶液滴定，定量。到达终点时，过量的碘与淀粉指示剂作用，生成蓝色的碘－淀粉复合物。根据碘标准滴定溶液的消耗量计算出二氧化硫的含量（本方法适用于食品中游离型和结合型二氧化硫含量的测定）。

$$SO_2 + 2KOH \longrightarrow K_2SO_3 + H_2O$$
$$K_2SO_3 + H_2SO_4 \longrightarrow K_2SO_4 + SO_2 + H_2O$$
$$I_2 + SO_2 + H_2O \longrightarrow H_2SO_4 + 2HI$$

（三）实验试剂及仪器

图 3－3　碘量瓶

（1）1mol/L 氢氧化钾溶液　57g 氢氧化钾加水溶解，定容 1000mL。

（2）25% 硫酸溶液。

（3）0.01mol/L 碘标准溶液。

（4）10g/L 淀粉溶液。

（5）250mL 碘量瓶，如图 3－3 所示。

（四）实训操作

在小烧杯中称取经粉碎试样 20g，用蒸馏水将试样洗入 250mL 容量瓶中，加水至容量的 1/2，加塞振摇，用蒸馏水定容，摇匀，待瓶内液体澄清后，用移液管吸取澄清液 50mL 于 250mL 碘量瓶中；加入 1mol/L 氢氧化钾 25mL，用力振摇后放置 10min，然后一边摇荡一边加入 25% 硫酸溶液 10mL 和淀粉液 1mL，以碘标准溶液滴定至呈现蓝色，半分钟不褪色为止。同时以蒸馏水代替样品按上法做一空白实验。

（五）实训结果计算

$$SO_2 \ 含量(g/kg) = \frac{(V_1 - V_2) \times c \times 0.032}{m \times 50/250} \times 1000$$

式中　V_1——滴定样品溶液时所消耗碘标准溶液体积，mL；

　　　V_2——滴定空白溶液消耗碘标准溶液体积，mL；

　　　c——碘标准溶液的浓度，mol/L；

　　　m——样品质量，g；

　　　50——测定用样品处理液体积，mL；

　　250——样品处理液总体积，mL；

0.032——1.00mL 1.000mol/L 碘标准滴定溶液相当的二氧化硫的质量，g。

（六）说明

该方法操作简单，不需要特殊装置，在短时间内即可定量，但重现性较差。样品中含有醛类物质也和碘作用，使测定值偏高。萝卜、蒜、辣椒含有硫化物成分对测定有干扰，本法不适用。

任务五 抗氧化剂的测定

一 概述

抗氧化剂是能够阻止或延缓食品氧化，以提高食品的稳定性和延长保存期的食品添加剂。食品的变质除了微生物引起之外，氧化也是食品变质的重要原因，特别是引起油脂的酸败，食品色泽的改变，维生素和不饱和物质的破坏，从而引起食品营养价值的下降，食用这种食品可引起食物中毒，长期食用加速人体衰老。抗氧化剂的作用机制在于阻断氧化反应链，自身氧化，或是抑制酶活，消除催化活性等。从而延长食品的贮存期、货架期，给生产者和经销者带来良好的经济效益。

常用的食品抗氧化剂主要有：BHA（叔丁基 - 4 - 羟基茴香醚）、BHT（2，6 - 二叔丁基对甲酚）、没食子酸丙酯（PG）、异维生素 C 钠、维生素 C 和维生素 E、茶多酚等。

我国对 BHA、BHT 的使用有如下的规定：在油脂、油炸食品、干鱼制品、饼干、速煮面、速煮米、干制食品、罐头、腌腊肉制品中，最大使用量不得超过 0.2g/1000g；它们混合使用时，相加总量不得超过 0.2g/1000g。

二 实训项目——BHA 的测定 （薄层色谱法）

（一）实训目的

熟练掌握薄层色谱法测定 BHA 的原理和操作技术。

（二）实训原理

样品中的抗氧化剂 BHA、BHT 和 PG 经溶剂提取、浓缩后用薄层色谱定性，也可用薄层色谱法概略定量。

(三) 实训试剂

(1) 甲醇；正己烷或石油醚（30～60℃）；乙醚；异辛烷；丙酮；冰乙酸；二氧六环；氨水；硅胶 G；聚酰胺粉（200 目）；可溶性淀粉。

(2) 显色剂 2g/L 2, 6 - 二氯醌 - 氯亚胺的乙醇溶液。

(3) BHA、BHT、PG 混合标准液 精密称取 BHA、BHT、PG 各 10mg，分别用丙酮溶解，转入 3 个 10mL 容量瓶中，并稀释至刻度，此液每毫升各含 1mg BHT、BHA、PG。吸取此 BHT 溶液 1mL，BHA、PG 溶液各 0.3mL，置于同一个 5mL 容量瓶中，用丙酮稀释至刻度，此标准液每毫升含 0.2mg BHT，0.06mg BHA 和 0.06mg PG。

(四) 实训仪器

振荡器；离心机（图 3 - 4）；恒温干燥箱；减压蒸馏装置；2 个层析槽：25cm×6cm×4cm，20cm×12cm×7cm；玻璃板：5cm×20cm，10cm×20cm。

图 3 - 4 离心机

(五) 实训操作

1. 样品提取

(1) 植物油 称取 5g 油，置于 10mL 具塞离心管中，加入 5mL 甲醇，用力振摇 3～5min，放置 2min，以 3000r/min 离心 5min，吸取上清液，置于 25mL 容量瓶中，重复提取 5 次，合并甲醇提取液，用甲醇稀释至刻度，摇匀。吸取 25mL 甲醇提取液，置于 40℃水浴上减压浓缩至 0.5mL，供薄层色谱用。

(2) 猪油 称取 5g 猪油，置于 50mL 磨口锥形瓶中，加入 20mL 甲醇，装上冷凝管，于 75℃水浴上放置，待猪油完全熔化后连同冷凝管一起自水浴中取出，振摇30s，再放入水浴30s，如此振摇3次后放入75℃水浴，使油层与甲醇层分清后，取出，置冰水浴中冷却，猪油凝固，甲醇提取液倒入50mL容量瓶中，置暗处放置，升至室温后用甲醇稀释至刻度，摇匀。吸取10mL澄清的甲醇提取液，置40℃水浴上减压浓缩至近干，加0.5mL正己烷溶解残渣，供薄层色谱用。

（3）食品（油炸花生米、酥糖、巧克力、饼干）　称取10g粉碎的样品，加入50mL石油醚－乙醚溶液（40∶10），振摇30min，放置，取上清液，3000r/min离心10min，备用。

（4）仅含植物油的样品　取10mL石油醚－乙醚提取液（40∶10）于蒸发皿中，通风挥干后加入4mL甲醇，用乳钵柄研磨2min，转入10mL具塞离心管中，振摇2min，离心后吸取上层甲醇提取液，置浓缩器中。每次用4mL甲醇，共提取2次。每次均须研磨洗涤蒸发后再转入离心管中振摇，合并甲醇提取液，于40℃水浴上减压浓缩至0.5mL，摇匀，留作薄层色谱用。

（5）含固体脂肪的样品　取25mL澄清的石油醚－乙醚提取液，于40℃水浴上减压除去溶剂，每次用12mL甲醇，共提取2次，按猪油的提取方法操作。合并2次甲醇提取液，置浓缩器中，于40℃水浴上减压浓缩至0.5mL，趁温热摇匀，供薄层色谱用。

2. 测定

（1）薄层板的制备　① 硅胶G薄层板：4g硅胶G加11mL水研磨至黏稠状，铺成5cm×20cm、厚度为0.3mm的薄层板3块，置空气中干燥后于105℃活化1h，存放于干燥器中。② 聚酰胺层板：3.4g聚酰胺粉、0.6g可溶性淀粉加约15mL水，研磨至浆状后铺成10cm×20cm、厚度为0.3mm的薄层板3块，空气中干燥后于80℃烘1h，置干燥器中保存。

（2）点样　① 用微量注射器在一块5cm×20cm的硅胶G薄层板上距下端2.5cm处点5μL标准溶液、30μL样品提取液、30μL样品提取液加5μL标准溶液。② 再在另一块5cm×20cm硅胶G板上点3点，5μL标准溶液、3.6μL样品提取液和3.6μL样品提取液加5μL标准溶液。③ 边点边用吹风机吹干，点上1滴吹干后再继续滴加。④ 用10μL注射器在10cm×20cm聚酰胺板上距下端2.5cm处点3点样，5μL标准溶液、9μL样品溶液和9μL样品溶液加5μL标准溶液。

（3）展开溶剂系统　硅胶G薄层板有正己烷－二氯六环－冰乙酸（12∶6∶3）和异辛烷－丙酮－冰乙酸（70∶10∶12）两种。

聚酰胺薄层板中甲醇－丙酮－水有三种配方比例，第一种（30∶10∶10）、第二种（30∶10∶12.5）和第三种（30∶10∶15）。

用甲醇－丙酮－水系统展开聚酰胺板，为使PG与杂质点分开，芝麻油只能用第一种配方，菜籽油用第二种配方，食品油用第三种配方。展开系统中水的比例对花生油、豆油、猪油中 PG 与杂质的分离无影响。

将点好样的薄层板置于预先饱和的层板槽内展开 16cm。薄层层析与温度、湿度有关，如 PG 的 R_f 值太低，可适当增加二氯六环和丙酮的比例。

（4）显色

① 硅胶 G 薄层板：自层板缸中取出薄层板置通风橱中挥干至无乙酸味。此时 PG 标准点显示灰黑色斑点。喷显色剂，置烘箱中 120℃ 烘 5~10min，取出薄层板，比较色斑颜色及深浅，趁热将薄层板置氨煮蒸气中放置 30s，取出观察颜色变化。② 聚酰胺薄层板：自层板缸中取出薄层板，置通风橱中吹干，喷显色剂，BHA 立即显色，与标准色斑比较，再将薄层板置通风橱中挥干溶剂，直至 PG 斑点清晰，但 BHA 的棕色点逐渐消退。

（5）定性与概量测定

① 定性：根据颜色中显示出的 BHT、BHA、PG 点与标准 BHT、BHA、PG 点比较 R_f 值及显色后斑点的颜色反应定性，如果样品点显示检出某种抗氧化剂，则样品中抗氧化剂的斑点必须与加入作内标的抗氧化斑点重叠。当点大量样液时，由于杂质多使样品中抗氧化剂的 R_f 值低于标准点，这时必须在样液点上滴加标准溶液作内标比较 R_f 值。如样品中 BHT、BHA、PG 的色斑浅于标准色斑，表明样品中各抗氧化剂的含量在方法检出限以下。② 油脂中 BHT、BHA、PG 的概略定量：根据薄层板上样液点上各抗氧化剂所显色的色斑深浅与标准抗氧化剂最低检出量的色斑比较而估计含量，如样品色斑颜色深于标准点，可减少滴加量或稀释定量。

（六）说明

本方法对油脂中 BHT、BHA、PG 进行概略定量是以各抗氧化剂在硅胶上和聚酰胺板上的最低检出标准色斑与样品 BHT、BHA、PG 的色斑比较。增大点样量，杂质点干扰较明显，尤其对硅胶板上的 BHA，薄层板必须涂布均匀。

三 实训项目——BHA 和 BHT 的光度法测定

（一）实训目的

熟练掌握光度法测定 BHA 和 BHT 的原理及操作技术。

（二）实训原理

样品中的丁基羟基茴香醚（BHA）和二丁基羟基甲苯（BHT）用石油醚

提取，通过硅胶柱使 BHA 和 BHT 分离，BHA 与 2，6 - 二氯醌氯亚胺 - 硼砂生成蓝色。BHT 与 α，α' - 联吡啶 - 氯化铁溶液生成橘红色，与标准比较定量。

（三）实训试剂

（1）0.01% 的 2，6 - 二氯醌氯亚胺乙醇溶液　用无水乙醇配制，盛于棕色瓶中，置于冰箱中保存，3d 后须弃去重配。

（2）四硼酸钠（硼砂）缓冲液　称取 0.6g 硼砂、0.7g KCl、0.26g NaOH，加无水乙醇至 500mL。放置过夜使溶解。必要时可用滤纸过滤。

（3）0.2% 的 α，α' - 联吡啶溶液　称取 0.2g α，α' - 联吡啶，加 2mL 乙醇，溶解后加水稀释至 100mL。

（四）实训仪器

分光光度计。

（五）实训操作（整个过程要避光进行）

1. 样品处理

取磨碎过的样品 10g 于 150mL 具塞锥形瓶中，加石油醚 50mL，振荡 20min，静置，取上清液 25mL，通过硅胶柱（硅胶柱内径为 25mm，长 250mm，具有玻璃磨口活塞，柱内装 13g 硅胶，7g 氧化铝，并在上、下两端加入少量无水硫酸钠），用石油醚淋洗至 50mL，混匀。取出 2mL 于蒸发皿中自然挥干，用 2mL 30% 乙醇溶解残渣。如有沉淀，用滤纸过滤，以 6mL 30% 乙醇分三次洗涤滤纸，滤液和洗液一并移入 25mL 具塞比色管中，供 BHT 测定。

以无水乙醇淋洗硅胶柱，用 50mL 容量瓶收集无水乙醇淋洗液至刻度；供 BHA 测定。

2. 样品测定

于上述供 BHT 测定的 25mL 具塞比色管中加 30% 乙醇至 8mL。另精密吸取 0、0.5、1.0、2.0、2.5、3.0mL BHT 标准使用液（相当于 0、5、10、20、25、30μg BHT），分别置于 25mL 比色管中，加入 30% 乙醇溶液至 8mL。各管分别加入 1mol 0.2% α，α' - 联吡啶溶液，摇匀后在暗室中迅速加入 1mL 0.2% FeCl$_3$溶液，摇匀后放置 60min，于波长 520nm 处测定吸光度，与标准液对照计算含量。

3. BHT 测定

精密吸取 2 ~ 4mL 上述供 BHA 测定的溶液，另精密吸取 0、0.5、1.0、

1.5、2.0、2.5、3.0mL BHT 标准使用液（相当于 0、5、10、15、20、25、30μg BHA），分别置于 25mL 比色管中。于样品管、标准管中各加入无水乙醇溶液至 8mL。，混匀，各加入 1mL 0.01% 2,6 – 二氯醌氯亚胺乙醇溶液，充分混匀后，再各加入 2mL 硼砂缓冲液，混匀，放置 20min。于波长 620nm 处测定吸光度，并计算含量。

项目四
食品中微量元素的测定

任务一　概述

　　根据元素在食品中含量的不同，可分为常量元素和微量元素两大类。凡是含量在 0.01% 以上的元素，如碳、氢、氧、氮、钙、磷、镁、钠等，称为常量元素；凡是含量在 0.01% 以下的元素，如铁、锌、铜、锰、铬、硒、钼、钴、氟等，称为微量元素。

　　微量元素在人体内的含量微乎其微，如锌只占人体总重量的百万分之三十三，铁也只有百万分之六十。微量元素虽然在人体内的含量不多，但其最突出的作用是与生命活力密切相关，仅像火柴头那样大小或更少的量就能发挥巨大的生理作用，它们的摄入过量、不足或缺乏都会不同程度地引起人体生理的异常或发生疾病。根据科学研究，到目前为止，已被确认与人体健康和生命有关的必需微量元素有 18 种，即有铁、铜、锌、钴、锰、铬、硒、碘、镍、氟、钼、钒、锡、硅、锶、硼、铷、砷等。这每种微量元素都有其特殊的生理功能，尽管它们在人体内含量极小，但它们对维持人体中一些决定性的新陈代谢却是十分必要的，一旦缺少了这些必需的微量元素，人体就会出现疾病，甚至危及生命。如缺锌会使生长发育停滞，食欲减退，性成熟受抑制，伤口愈合不良等，缺铁可引起缺铁性贫血。微量元素在抗病、防癌、延年益寿等方面都起着不可忽视的作用。另外食品中有些微量元素是非人体必需有毒元素，还有些虽是人体必需元素，但需要量很小，摄入过量将对人体产生危害，因此必须严格限制这类元素在食品中的含量，所以对食品中的微量元素进行检测具有非常重要的意义，它对评价食品的营养价值，开发和生产强化食品具有指导意义，有利于食品加工工艺改进和食品质量的提高，可以了解食品污染情况，以便查清和控制污染源。

　　食品中含有的微量无机元素，常与蛋白质、维生素等有机物质结合成难溶或难于离解的有机矿物化合物，从而失去原有的特性。因此，在测定这些无机物之前，需破坏其有机结合体，释放出被测组分。通常采用的有机物破坏法是在高温或高温结合强氧化剂的条件下，使有机质分解，其中碳、氢、氧等元素生成二氧化碳和水，呈气态逸散，被测的金属或非金属微量元素则以氧化物或无机盐形式残留下来。有机物破坏法按具体操作不同，分成干法和湿法两大类。各大类包括多种方法，在选择应用时可根据样品的性质及被测元素而定，要以不致丢失所要分析的对象为原则。破坏有机物质后，样品中的微量元素留在湿法消化的消化液中或干法灰化的残渣中，然后根据待测物质在食品中的大概含量和客观条件选择分析方法。

　　微量元素的测定方法很多，有化学分析法、分光光度法、原子发射光谱法、原子吸收光谱法、极谱法、离子选择电极法、同位素稀释质谱法、电感耦合等离子体质谱法、分子光谱法、X 射线荧光光谱分析法、中子活化分析法、氢化物原子荧光光谱法等。其中分光光度法由于设备简单，能达到食品中微量元素检测标准要求的灵敏度，故一直被广泛采用。原子吸收光谱法由于它的选择性好，灵敏度高，测定手续简便快速，可同时测定多种微量元素，而成为微量元素测定中最常用的方法。氢化物原子荧光光谱法灵敏度高，操作简便，快捷，干扰少，目前也使用越来越多。

任务二　铁的测定

（一）概述

　　铁是广泛存在于自然界的金属，也是人们生活中经常接触的人体必需的微量元素。铁是血红蛋白、肌球蛋白和细胞色素中的重要成分，参与了血液中氧的运输，又能促进脂肪氧化，所以铁是人体内不可缺少的重要元素之一。人体每日都必须摄入一定量的铁，中国营养学会推荐的铁的供应量为成年男子 12mg/d，女子 18mg/d。肉、蛋、肝脏和果蔬中均含有丰富的铁质，能够满足人体中铁的需要。人体铁摄入过多，会使铁、锌、铜等微量元素在体内代谢失去平衡，导致食欲不振、厌食，生长发育延缓，血压低和胆固醇异常，从而增加诱发心脏病的几率。另外食品在贮存过程中也常常由于污染了大量的铁而使之产生金属味，导致色泽加深和食品中维生素分解，所以食品中铁的测定不但具有营养学的意义，还可以鉴别食品的铁质污染。

铁的测定方法有硫氰酸钾光度法、磺基水杨酸光度法、邻菲罗啉（邻二氮菲）光度法、原子吸收分光光度法等。其中硫氰酸钾光度法和邻菲罗啉光度法操作简便、准确，原子吸收分光光度法则更为快速、灵敏。

（二）实训项目——硫氰酸钾光度法

（一）实训目的

熟练掌握硫氰酸钾测定铁含量的原理及操作技术。

（二）实训原理

在酸性溶液中，铁离子与硫氰酸钾作用，生成血红色的硫氰酸铁络合物，其颜色的深浅与铁离子的浓度成正比，用光度法测定。

（三）实训试剂

（1）2% 高锰酸钾溶液；20% 硫氰酸钾溶液；2% 过硫酸钾溶液；浓硫酸。

（2）铁标准溶液：① 溶液配制：称取 0.0498g 硫酸亚铁，溶于 100mL 水中，加浓硫酸 5mL，微热，溶解后随即用 2% 高锰酸钾溶液滴定至最后 1 滴红色不褪色为止。用水稀释至 1000mL，摇匀，此溶液每毫升含 $10\mu g$ 铁。② 标准曲线绘制：准确吸取 0.0、0.2、0.4、0.6、0.8、1.0mL 的每毫升相当于 $10\mu g$ 铁的标准溶液，分别移入 25mL 容量瓶中，各加入 5mL 水后，加入浓硫酸 0.5mL，再加入 2% 过硫酸钾溶 0.2mL 和 20% 硫氰酸钾溶液 2mL，混匀后用水稀释至 25mL，摇匀后置于分光光度计，于 485nm 波长处进行比色测定，以测定的吸光度绘制标准曲线。

（四）实训仪器

分光光度计。

（五）实训操作

1. 样品处理（干法处理）

称取搅拌均匀样品 20.2g 于瓷坩埚中，在微火上炭化后，移入 500℃ 高温电炉中灰化成白色灰烬。难灰化的样品可加入 10% 硝酸镁溶液 2mL 作助灰剂。亦可在冷却后于坩埚中加浓硝酸数滴使残渣润湿，蒸干后再进行灼烧。灼烧后的灰分用 1:1 盐酸 2mL、水 5mL 加热煮沸，冷却后移入 100mL 容量瓶中，并用水稀释至刻度。必要时进行过滤。

2. 样品分析

准确吸取样品溶液 5～10mL，置于 25mL 容量瓶中，加 5mL 水、0.5mL 浓硫酸，其余操作同标准曲线绘制。根据测得的吸光度，从标准曲线查得相应的铁含量。

（六）实训结果计算

$$X_{Fe}\ (mg/kg) = \frac{m_1}{m}$$

式中　m_1——从标准曲线中查得的铁的质量，μg；

　　　m——测定时样品的质量，g。

任务三　钙的测定

一　概述

钙是人体和动物最重要的营养元素之一，是构成骨骼和牙齿的重要组分，具有调节神经组织、控制心脏、调节肌肉活性和体液等功能，长期缺钙会影响骨骼和牙齿的生长发育，严重时产生骨质疏松，发生软骨病，钙影响神经肌肉的兴奋性，缺钙时可引起手足抽搐，所以对钙进行定量分析有重要意义。

食品中含钙较多的是豆、豆制品、蛋、鱼、排骨、虾皮、乳等。食品中钙的来源以乳及乳制品最好，不但含量丰富，而且吸收率高。

钙的测定方法主要有高锰酸钾滴定法、EDTA 络合滴定法、原子吸收分光光度法，这 3 种方法中经典的方法是高锰酸钾滴定法。

二　实训项目——高锰酸钾滴定法

（一）实训目的

熟练掌握高锰酸钾滴定法测定钙的原理及操作方法。

（二）实训原理

样品经灰化后，在酸性溶液中，钙与草酸生成草酸钙，经硫酸溶解后，用高锰酸钾标准溶液滴定，从而计算出钙的含量。

（三）实训试剂

（1）1:1盐酸溶液；1:4乙酸溶液；浓氨水溶液；1mol/L硫酸溶液；4%草酸铵溶液；0.1%甲基红指示剂。

（2）0.02mol/L高锰酸钾标准溶液：① 标准溶液配制：称取3.3g高锰酸钾溶于1050mL水中，缓和煮沸20~30min，冷却后于暗处密封保存数日后，用玻璃滤埚过滤于棕色瓶中保存。② 标定：准确称取基准草酸钠（约0.2g）溶于50mL水中，加8mL浓硫酸，用高锰酸钾标准溶液滴定至近终点时，加热至70℃，继续滴定至溶液呈粉红色保持30s不变，即为终点。同时做空白试验校正结果。按下式计算浓度。

$$c = \frac{G}{V \times 5 \times 0.067}$$

式中　　G——称取高锰酸钾的质量，g；

　　　　V——滴定所用的高锰酸钾溶液的体积，mL；

　　　　c——为高锰酸钾溶液的摩尔浓度，mol/L。

（四）实训操作

1. 样品处理

准确称取约1g代表性样品，置于50mL凯氏烧瓶中，加入无水硫酸钠或无水硫酸钾1g、无水硫酸铜0.5g、浓硫酸10mL，开始用小火，10min后加大火力进行消化，直至样品溶液呈透明无黑粒为止。冷却，凯氏烧瓶中的内容物移入50mL容量瓶中，加水到刻度，混匀。

2. 样品分析

准确吸取样品溶液5mL，移入16mL离心管中，加入甲基红指示剂1滴、4%草酸铵溶液2mL、1:4乙酸溶液0.5mL，振摇均匀。用浓氨水溶液将溶液调至微黄色，再用1:4乙酸溶液调至微红色，放置1h，使沉淀完全析出。离心15min，小心倾去上层清液，在沉淀中加入2mL 1mol/L硫酸摇匀，置于70~80℃热水浴中，用0.02mol/L高锰酸钾标准溶液进行滴定至溶液呈粉红色保持30s不变，即为终点。

（五）实训结果计算

$$X_{Ca} = \frac{c \times V \times 5 \times 40 \times V_1 \times 100}{m \times 2000 \times V_2}$$

式中　　X_{Ca}——样品中钙元素含量，%；

　　　　c——高锰酸钾标准溶液的摩尔浓度，mol/L；

　　　　V——滴定所消耗高锰酸钾标准溶液的体积，mL；

　　　　V_1——样品溶液的总体积，mL；

　　　　V_2——分取样品溶液的体积，mL；

　　　　m——样品的质量，g；

　　　　40——钙的摩尔质量，g/mol。

（六）注意事项

　　用高锰酸钾滴定时要不断振摇使溶液均匀。该方法较精确，但需离心沉淀。

任务四　铜的测定

一　概述

　　铜是人体必需的微量元素之一，铜元素对于人体至关重要，它是生物系统中一种独特而极为有效的催化剂。铜是30多种酶的活性成分，对人体的新陈代谢起着重要的调节作用。

　　成年人每日最低铜摄取量应为2～3mg。铜摄取过量会对机体发生严重毒害作用。铜中毒后，人常有恶心、呕吐、腹泻，特别严重的有溶血作用、血浆及尿中迅速出现血红蛋白，患者感到头痛、下肢无力、肌肉酸痛，夜晚发烧，清晨退热，还会出现黄疸和心律失常、肾功能衰竭及少尿症、休克、中枢神经抑制甚至死亡。所以食品中铜的允许限量一般不超过5～20mg/kg。铜是工业上广泛应用的金属，铜的化合物常被作为杀虫剂、杀菌剂和消毒剂等。铜的污染主要来自于机械和汽车制造、电焊和银、铅、锌的冶炼等工业的"三废"。食品加工过程中也由于使用铜器等而受污染。所以测定食品中铜的含量很有必要。

　　铜的测定方法有原子吸收分光光度法、碘量法、碘氟法、极谱法、比色法、电感耦合等离子体原子发射光谱法、电位滴定法、重量法、闪电解法等，根据试样中铜的含量及干扰离子的情况，选择不同的测定方法。常用的方法有原子吸收分光光度法、比色法，其中原子吸收分光光度法测定铜较为简便快速，灵敏度也更高。

(二) 实训项目——原子吸收分光光度法

(一) 实训目的

熟练掌握原子吸收分光光度法测定铜的原理及操作技术。

(二) 实训原理

样品经消化后，导入原子吸收分光光度计中，经火焰原子化后，吸收波长 324.8nm 的共振线，其吸收量与铜含量成正比，与标准曲线比较定量。

(三) 实训试剂

(1) 混合酸配制　硝酸:高氯酸 =5:1。

(2) 0.5mol/L 硝酸　量取 32mL 硝酸，加入适量的水中，置入容量瓶并用水稀释并定容至 1000mL。

(3) 铜标准贮备液　精确称取 1.000g 金属铜（纯度大于 99.99%），加适量硝酸（1:1）使之溶解，移入 1000mL 容量瓶中，用去离子水定容至刻度，贮存于聚乙烯瓶内，置冰箱保存。此溶液每毫升相当于 1mg 铜。

(4) 铜标准使用液　① 标准使用液配制：吸取铜标准贮备液 10.0mL 置于 100mL 的容量瓶中，用 0.5mol/L 硝酸溶液定容至刻度，该溶液每毫升相当于 100μg 铜。如此再继续稀释至每毫升含 10.0μg 铜。② 标准曲线制备：吸取 0.0、0.5、1.0、2.0、3.0、4.0、5.0mL 的铜标准使用液，分别置于 50mL 容量瓶中，以硝酸（0.5mol/L）稀释定容至刻度，摇匀。此标准系列含铜分别为 0.00、0.10、0.20、0.40、0.60、0.80、1.00μg/mL。

(四) 实训仪器

(1) 原子吸收分光光度计，如图 4-1 所示。

(2) 仪器条件　测定波长 324.8nm，灯电流、狭缝、空气乙炔流量及灯头高度均按仪器说明书调至最佳状态。

(五) 实训操作

1. 样品湿法消化

(1) 固体样品　精确称取有代表性样品 2~5g 于 150mL 三角烧瓶中，放入几粒玻璃珠，加入混合酸 20~30mL，盖一玻片，放置过夜。次日于电热板上逐渐升温加热，溶液变成棕红色，应注意防止炭化。如发现消化液颜色变深，再滴加浓硝酸，继续加热消化至冒白色烟雾，取下放冷后，加入约 10mL

图 4-1 原子吸收分光光度计

水继续加热消化至冒白烟为止。放冷后用去离子水洗入 25mL 的刻度试管中。同时做试剂空白。

(2) 液体样品 吸取有代表性样品 10~20mL 于 150mL 三角烧瓶中，加入几粒玻璃珠。酒类和碳酸类饮品应在于电热板上小火加热除去酒精和二氧化碳，然后加入 20mL 混合酸，再于电热板上加热至颜色由深变浅，至无色透明冒白烟时取下，放冷后加入 10mL 水继续加热消化至冒白烟为止。冷却后用去离子水洗入 25mL 的刻度试管中。同时做试剂空白。

2. 样品干法灰化

称取制备好的代表性样品 2.0~5.0g 置于 50mL 瓷坩埚中，加 5mL 硝酸，放置 0.5h 后，于电炉上小火蒸干，继续炭化至无烟后移入马弗炉中，500℃灰化约 1h 后取出，放冷后再加入 1mL 硝酸湿润灰分并小火蒸干。再移入马弗炉 500℃灰化约 0.5h，冷后取出，加 0.5mol/L 的硝酸，溶解残渣并移入 25mL 的刻度试管中，再用 0.5mol/L 的硝酸反复洗涤坩埚，洗液并入容量瓶中，并稀释至刻度，混匀备用。同时做试剂空白。

3. 样品测定

将试剂空白液和处理理好的样品溶液分别导入火焰原子化器进行测定。记录其对应的吸光度，与标准曲线比较定量。

(六) 实训结果计算

$$铜含量（mg/kg）= \frac{(C_1 - C_2) \times V}{m}$$

式中 C_1——样品液中铜的含量，$\mu g/mL$；

C_2——试剂空白液中铜的含量，$\mu g/mL$；

V——样品处理液的总体积，mL；

m——样品质量，g。

（七）允许偏差

相对标准偏差小于 5% 。

任务五 锌的测定

一 概述

锌是人类、动物和植物生长发育必需的微量元素之一，几乎所有的农、畜、水产品或多或少都含有微量的锌。锌是人体中含量仅次于铁的微量元素，在人体中约为铁的一半（1.4～2.3g），一切器官都含锌，如皮肤、骨骼、内脏、前列腺、生殖腺和眼球的含量都很丰富。血液中锌以含锌金属酶形式存在。

食品中锌的测定方法有重量法、容量法、比色法、极谱法、火焰原子吸收分光光度等。在以上这些测定锌的方法中较准确的是重量法，如以焦磷酸锌、硫氰酸汞锌及氧化锌等状态称重的重量法，但这些重量法都需预先将干扰元素分离，手续较繁，所以在实际工作中很少应用。容量法测定锌、亚铁氰氧化钾滴定法、铜锌连续测定的碘量法以及 EDTA 容量法等，在生产上后两种方法应用得较为广泛。低含量锌的测定多用极谱法，如称样量减少或将溶液稀释也可测定较高含量的锌。对于微量锌的测定，虽然有二硫腙、PAN 等比色法，不常用。现在测定微量锌普遍使用的是火焰原子吸收分光光度法。

二 实训项目——火焰原子吸收光谱法

（一）实训目的

熟练掌握火焰原子吸收光谱法测定锌的原理及操作技术。

（二）实训原理

样品经消化后，导入原子吸收分光光度计，经火焰原子化后，吸收波长213.8nm 的共振线，其吸收量与锌含量成正比，与标准曲线比较定量。

（三）实训试剂

（1）混合酸的配制　硝酸:高氯酸（5:1）；0.9% 盐酸。

（2）锌标准贮备液　精确称取 0.500g 金属锌（纯度大于 99.99%）或含 0.5000g 锌相对应的氧化物，加盐酸使之溶解，移入 1000mL 容量瓶中，用 0.9% 盐酸定容至刻度，贮存于聚乙烯瓶内，置冰箱保存。此溶液每毫升相当于 500μg 锌。

（3）锌标准使用液　吸取锌标准贮备液 10.0mL 置于 50mL 的容量瓶中，用 0.9% 盐酸定容至刻度。此溶液每毫升相当于 100μg 锌。

（4）标准曲线的制备　吸取 0.10、0.20、0.40、0.60、0.80mL 锌标准使用液，分别置于 50mL 的容量瓶中，用 0.9% 盐酸定容至刻度，混匀。此标准系列每毫升含锌分别为 0.0、0.4、0.8、1.2、1.6μg 锌。

（四）实训仪器

原子吸收分光光度计。

仪器条件：波长 213.8nm，灯电流、狭缝、空气乙炔流量及灯头高度均按仪器说明书要求调至最佳状态。

（五）实训操作

1. 样品湿法消化

精确称取代表性样品适量（如干样 1.0g，湿样 3.0g，液体样品 5 ~ 10g）于 150mL 三角烧瓶中，加入混合酸 10 ~ 15mL，盖一玻片，放置过夜。次日于电热板上逐渐升温加热，溶液变成棕红色，应注意防止炭化，如发现消化液颜色变深，再滴加浓硝酸，继续加热消化至冒白色烟雾，取下冷却后，加入约 10mL 水继续加热消化至冒白烟为止。消化冷却后用 0.9% 盐酸洗至 50mL 刻度试管中。同时做试剂空白。

2. 样品干法灰化

称取制备好的代表性样品 5 ~ 10g 置于瓷坩埚中，于电炉上小火炭化至无烟后移入马弗炉中，500℃灰化约 8h 后取出，放冷后再加入少量混合酸，小火加热至无炭粒，待坩埚稍凉，加 20mL 0.9% 盐酸，溶解残渣并移入 50mL 的容量瓶中，再用 0.9% 盐酸反复洗涤坩埚，洗液并入容量瓶中，并稀释至刻度，混匀备用。

3. 样品测定

将处理好的样品溶液、试剂空白液和锌标准溶液分别导入火焰原子化器进行测定。记录其对应的吸光度值，与标准曲线比较定量。

（六）实训结果计算

$$锌含量（mg/kg）= \frac{(C_2 - C_1) \times V}{m}$$

式中　C_1——测定样品液中锌的含量，μg/mL；

　　　C_2——试剂空白液中锌的含量，μg/mL；

　　　m——样品质量，mL；

　　　V——样品消化液的总体积，mL。

（七）允许偏差

相对标准偏差小于5%。

任务六　锡的测定

一　概述

　　锡是人体必需的微量元素，对正常生命活动有重要意义，锡与多种酶活性有关，能促进有关蛋白质与核酸的代谢反应，有助于动物生长，锡补充不够会影响身体的正常生长发育，严重者可引起侏儒症，而锡量过多，会促使肝脂肪变变性及肾血管变化。金属锡无毒，锡盐具中等毒性，但有机锡的毒性较大。人体内过多地摄入锡盐时，锡在组织中有轻度积累，如经呼吸道吸入后则会引起肺部良性锡粒沉着症，四氯化锡和三烷基锡等有机锡则是剧烈的神经毒物。食品中含锡量很少，主要来源于外界污染。人类长期使用锡器具和罐头制品，锡器具和罐头食品中镀锡薄板常常由于内容物的酸性侵蚀或焊锡涂布不牢而有溶锡现象；另外因有机锡化合物作为杀菌剂和防腐剂在工农业生产中普遍使用而造成食品中残留，从而使人体中摄入的锡量不断增加。为此世界卫生组织曾提出人体锡的摄入量应限制为每天2mg/kg，我国政府也对罐头类制品中锡含量做了严格规定，因此食品中锡的检测也很必要。

　　锡的测定方法有原子吸收光谱法、氢化物原子荧光光谱法、电感耦合等离子体质谱法（ICP－MS）、极谱法、X射线荧光光谱法、中子活化法、高效液相色谱法、分光光度法以及氢化物发生－原子吸收光谱法、离子交换法、共振光散射法等，其中氢化物原子荧光光谱法、苯芴酮光度法是国家标准分析方法，在食品中锡含量的测定中用得较为普遍。苯芴酮光度法灵敏度不及氢化物原子荧光光谱法，适合含量稍高的食品中锡的测定。

（二）实训项目——苯芴酮光度法

（一）实训目的

熟练掌握苯芴酮光度法测定锡的原理及操作技术。

（二）实训原理

在酸性介质中，锡与苯芴酮生成微溶性的橙红色络合物，在保护性胶体存在下进行比色测定。加入抗坏血酸、酒石酸以掩蔽铁离子等的干扰。

（三）实训试剂

（1）10%酒石酸溶液；1:9硫酸溶液；1%抗坏血酸溶液（贮存于冰箱中）。

（2）0.5%动物胶（明胶）溶液　称取0.5g动物胶移入50mL烧杯中，加入20~30mL水，在60℃热水溶解后移入100mL容量瓶中。使用时需新配制，贮存于冰箱中。

（3）0.03%苯芴酮溶液　称取0.03g苯芴酮加少量无水乙醇溶解后，加数滴1:9硫酸溶液，透明后，移入100mL容量瓶中，用无水乙醇稀释至刻度，贮存于冰箱中。

（4）锡标准溶液　精确称取0.1000g纯锡于小烧杯中，加10mL浓硫酸并盖上表面皿，加热至锡完全溶解，移去表面皿，继续加热至冒烟，冷却，加入50mL水，移至1000mL容量瓶中，用1:9硫酸稀释至刻度。此时每毫升溶液相当于100μg的锡。

（四）实训仪器

分光光度计。

（五）实训操作

1. 样品处理

（1）干法处理　称取搅拌均匀样品20.0g于瓷坩埚中，在微火上炭化后，移入500℃高温电炉中灰化成白色灰烬。难灰化的样品可加入10%硝酸镁液

2mL作助灰剂。如果样品在高温炉中不易燃烧成灰白色时，可在冷却后于坩埚中加浓硝酸数滴使残渣润湿，蒸干后再行灼烧。灼烧后的灰分用1:1盐酸2mL、水5mL加热煮沸，冷却后移入100mL容量瓶中，并用水稀释至刻度。必要时进行过滤。

（2）湿法处理　称取搅拌均匀样品20.0g于500mL凯氏烧瓶中，加入浓硫酸10mL、硝酸20mL，先以小火加热，待剧烈作用停止后，加大火力并不断滴加浓硝酸直至溶液透明不再转黑为止。每当消化溶液颜色变深时，立即添加硝酸，否则溶液难以消化完全。待溶液不再转黑后，继续加热数分钟至有白烟逸出，冷却，然后加入10mL水，继续加热至冒白烟为止，冷却。将内容物移入100mL容量瓶内，并以水稀释至刻度，摇匀，备用。

2. 标准曲线的绘制

准确地吸取每毫升相当于100μg锡的标准溶液0.0、1.0、2.0、3.0、4.0、5.0mL，分别置于50mL容量瓶中，加入酒石酸溶液0.5mL、抗坏血酸溶液5mL、明胶溶液1.5mL、1:9硫酸溶液10mL，并准确地加入0.03%苯芴酮溶液2mL，用水稀释至刻度，摇匀，30min后于分光光度计492nm波长下测定吸光度，并绘制标准曲线。

3. 样品分析

吸取样品溶液10mL置于50mL比色管中，以1:1氨水中和后，加入酒石酸溶液0.5mL，抗坏血酸5mL，以下操作同"标准曲线的绘制"。根据标准曲线查出锡的含量。

（六）实训结果计算

$$锡含量（mg/kg）= \frac{C}{m} \times 1000$$

式中　C——从标准曲线中查出的锡质量，mg；

　　　m——吸取的样品质量，g。

（七）说明

天冷时，由于显色反应缓慢，标准和样品分析溶液加入显色剂后，可在37℃恒温箱内放置30min，再比色。色泽由黄至橙红色（视锡含量而定）。

任务七　硒的测定

（一）概述

硒是人体和动物的必需微量元素之一。硒是谷胱甘肽过氧化物酶的重要组成部分，是一种强抗氧化剂，能保护细胞膜，与维生素 E 协同作用保护细胞免受过氧化作用的损伤；硒参加辅酶 A、辅酶 Q 的合成，在机体代谢、电子传递中起重要作用。硒虽然是人体必需微量元素，但摄入过多也会对人体造成危害，少数高硒地区会出现硒中毒症。国内外均有高硒地区人畜中毒事件，例如我国湖北恩施地区和陕西紫阳县是高硒地区，20 世纪 60 年代发生过吃高硒玉米而急性中毒病例。因目前世界上低硒土壤的分布多于高硒土壤，故食物链中缺硒产生的危害要比硒过量而中毒更严重。肝、肾、海产品及肉类为硒的良好来源，谷物含硒量随该地区土壤而定。

食品中硒的测定方法有荧光分光光度法，氢化物原子荧光光谱法、原子吸收分光光度法、气相色谱法、比色法等。这些方法中比色法比较简便，但灵敏度低，干扰较严重，原子吸收分光光度法、荧光分光光度法和氢化物原子荧光光谱法灵敏度更高，干扰较少，目前比较常用。今后高灵敏度、高选择性的硒测定方法仍是研究的方向。

（二）实训项目——3，3′–二氨基联苯胺光度法

（一）实训目的

熟练掌握 3，3′–二氨基联苯胺光度法测定硒的原理及操作技术。

（二）实训原理

在微酸性条件下，硒与 3，3′–二氨基联苯胺形成黄色络合物。此络合物在中性溶液中能用甲苯或二甲苯等有机溶剂提取，从而使有机层显黄色。根据黄色的深浅可以比色测定。

（三）实训试剂

（1）混合消化液：发烟硝酸: 高氯酸: 硫硫酸 = 10: 4: 5。

（2）5% EDTA 二钠盐溶液；5% 氢氧化钠溶液；1:1 盐酸溶液；0.5% 3，3′-二氨基联苯胺溶液。

（3）硒标准溶液：精确称取 0.1000g 硒，置于 50mL 小烧杯中，加入 1:1 盐酸 10mL，加热溶解，冷却并移至 100mL 容量瓶中，并用 10% 硝酸溶液洗小烧杯并合并冲洗液于容量瓶中，并用 10% 硝酸稀释至刻度。此溶液每毫升含 1mg 硒。使用时可稀释成相当于每毫升含 1μg 硒。

（四）实训仪器

分光光度计。

（五）实训操作

1. 样品处理

称取捣碎均匀的样品 1.00～2.00g（果蔬类称取 10.0g），置于 150mL 圆底烧瓶中，接上冷凝装置，加入 20mL 混合消化液，小心加热至样品溶液呈无色透明为止。冷却后加入 2mL 5% EDTA 二钠溶液，此溶液为样品测定溶液。同时做空白试验。

2. 标准曲线绘制

精确吸取每毫升含 1μg 的硒标准溶液 0.0、2.0、4.0、6.0、8.0、10.0mL，分别移入分液漏斗中，加水至 35mL。分别加入 5% EDTA 二钠溶液 1mL，摇匀，并用 1:1 盐酸调节溶液至 pH2.0～3.0。各加入 0.5% 3，3′-二氨基联苯胺溶液 4mL，摇匀，置于暗处 30min，再用 5% 氢氧化钠溶液调节至中性。加入 10mL 甲苯振摇 2min，静置分层，弃去水层，甲苯层通过棉花栓过滤于比色皿中，置于分光光度计 420nm 波长处测定吸光度，绘制标准曲线。

3. 样品分析

准确吸取适量的消化样液（视样品中硒含量而定），置于分液漏斗中，加水至总体积为 35mL。加入 5% EDTA 二钠溶液 1mL，摇匀，以下操作同"标准曲线的绘制"。根据样品测得的吸光度，从标准曲线中查得相应的硒含量。

（六）实训结果计算

$$硒含量（mg/kg）= \frac{m_1}{m}$$

式中　m_1——从标准曲线中查出的硒质量，μg；

　　　m——测定溶液中的样品质量，g。

（七）说明

（1）3，3′-二氨基联苯胺易氧化变质，因此，此溶液需临时配制。

（2）加甲苯萃取后如有乳化现象，可加入几滴无水乙醇，摇动，澄清后过滤。

任务八 碘的测定

一 概述

碘是人体必需的微量元素之一，是人体内甲状腺球蛋白和甲状腺素的重要组成成分，进入人体内的碘主要（98% 左右）到达甲状腺，用来合成甲状腺球蛋白和甲状腺素（T3 和 T4）。甲状腺素能够调节体内新陈代谢，促进身体的生长发育，是人体正常健康生长必不可少的激素之一。人体对碘的日需要量为 100~150μg。身体缺碘时，会发生甲状腺肿大，甲状腺素的合成减少甚至缺乏，可使人产生呆小症，碘过量同缺碘一样会危害人体健康，会引起高碘甲状腺肿、高碘甲亢、高碘甲低、高碘自身免疫性疾病、甲状腺癌等。因此食中含水量碘量的测定具有营养学意义。

食品中碘的测定方法有容量法、原子吸收光谱法、分光光度法、化学发光法及荧光法、高效液相色谱法、气相色谱法、电化学法等。分光光度法有重铬酸氧化法、硫酸铈接触法、碘–淀粉显色光度法、紫外分光光度法、溴水氧化法、硫氰酸铁–亚硝酸催化动力学法等，其中最常用的是重铬酸钾氧化法，此法操作比较简便，灵敏度也较高。

二 实训项目——重铬酸钾氧化法

（一）实训目的

熟练掌握重铬酸钾氧化法测定碘的原理及操作技术。

（二）实训原理

样品在碱性条件下灰化，碘被有机物还原，再与碱金属结合成碘化物。这样虽然在高温下灰化，碘也不会因此升华而受损失。

碘化物在酸性条件下，加入重铬酸钾氧化，析出游离碘，溶于氯仿后显粉红色。根据颜色的深浅比色测定碘的含量。

(三) 实训试剂

（1）10mol/L 氢氧化钾溶液。

（2）0.033mol/L 重铬酸钾溶液。

（3）0.1mol/L 氯仿。

（4）碘标准溶液　准确称取 130.8mg 碘化钾溶于水中，移入 1000mL 容量瓶中，加水至刻度。此溶液每毫升含 0.1mg 的碘。使用时稀释至每毫升溶液 0.01mg 的碘。

(四) 实训仪器

可见分光光度计；高温灰化炉，如图 4-2 所示。

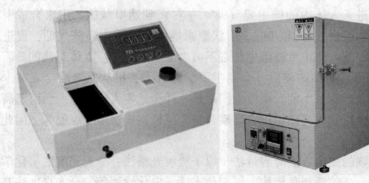

（1）可见分光光度计　　　　　　　（2）高温灰化炉

图 4-2　重铬酸钾氧化法实训仪器

(五) 实训操作

1. 样品处理

称取捣成匀浆状的样品 2.00~4.00g，移入坩埚中，加入 10mol/L。氢氧化钾溶液 5mL。先在烘箱内烘干后，移入高温炉中于 600℃ 灰化至呈白色灰烬。待冷却后取出，以 10mL 水浸渍，加热溶解，再用 30mL 热水分数次过滤于 50mL 容量瓶中，用水稀释至刻度。

2. 标准曲线绘制

准确吸取每毫升相当于 10μg 碘的标准溶液 0.0、2.0、4.0、6.0、8.0、10.0mL，分别移入 125mL 分液漏斗中，加水至 40mL，再分别加入 2.0mL 浓硫酸和 0.033mol/L 重铬酸钾溶液 15mL。摇匀后放置 30min，加入 10mL 氯仿，摇匀 1min，通过棉花栓过滤，将滤液置于比色皿中，用分光光度计于 510nm 波长处测定吸光度，并绘制标准曲线。

3. 样品测定

吸取一定量样品溶液（视样品中碘含量而定），移入 125mL 分液漏斗中，加水至 40mL。以下操作同 "标准曲线的绘制"，根据测得的样品的吸光度，从标准曲线中查得相应的碘含量。

（六）实训结果计算

$$碘含量（mg/kg）= \frac{m_1}{m}$$

式中　m_1——从标准曲线中查得的碘质量，μg；

　　　m——测定液的样品质量，g。

（七）说明

（1）灰化样品时，加入氢氧化钾的作用是使碘形成难挥发的碘化钾，防止碘在高温灰化时挥发损失。样品灰化后一定要以热水分数次洗涤并过滤，以避免碘的损失。

（2）碘标准液配制时要确保碘化钾中水分彻底脱除，并精确测量。

（3）吸取样液量要合适，保证其吸光度值尽量在标准曲线内。

（4）$K_2Cr_2O_7$ 的量要合适，过多时会进一步把 I_2 氧化成 IO_3^- 无法将的碘含量准确的测出来，若 $K_2Cr_2O_7$ 不足无法将 I^- 都转化成 I_2 从而在吸光度中体现出来。

任务九　铝的测定

 概述

铝是人体非需要元素，铝在毒理学上属于低毒性的金属元素，它不会引起急性中毒，但长期摄入可溶性铝盐的食品，铝在人体内蓄积，达到一定程度就会产生慢性毒性。铝可在脑组织蓄积，引起中枢神经功能紊乱，透析性脑病，神经系统是铝作用的主要靶器官，铝的过量接触和蓄积可能是导致老年性痴呆原因之一；铝直接作用于骨组织，会引起骨病理改变；铝可引起红细胞低色素性贫血，影响多种酶系统的活性，对造血系统产生毒性；铝对免疫功能有明显抑制作用；铝还具有胚胎毒性和致畸性等。

铝含量较高的食物主要是一些面制加工食品，如油条、粉丝、糕点、挂面等，其中油条和粉丝中含量最高。这主要是由于在加工过程中使用了含铝添加剂（钾明矾和铵明矾、发酵粉等）作为膨松剂的缘故。在食品工业中，许多食品包装材料也通常用铝箔与其他材料复合制成。正常人摄入铝的来源主要包括食物性铝、水及空气铝、铝制炊具及容器溶出铝。人为超范围、超量使用某些食品添加剂及加工过程中的污染，是目前多次抽查检测中铝超标事件频频发生的主要原因，让人触目惊心。因此研究铝的测定方法，了解各种物质中的铝含量，对预防铝损害、提高人体健康水平有着十分重要意义。

铝的测定方法主要有电感耦合等离子体原子发射光谱法（ICP）、电感耦合等离子体质谱法（ICP – MS）、石墨炉原子吸收分光光度法、火焰原子吸收分光光度法、分光光度法、荧光分析法以及极谱法等。ICP 及 ICP – MS 法灵敏、准确、快速，精密度好，检出限低、干扰小，且能同时测定多个元素，是权威性很高的分析方法，但由于仪器尚未普及，应用受限。原子吸收分光光度法测定铝对测定仪器要求较高，提高灵敏度、减小干扰，一直是人们研究的方向之一。分光光度法中以铬天青 S 为显色剂的方法应用最多，但由于其灵敏度低、干扰大及操作过程较繁琐等问题，对该方法的改进主要是加入各种表面活性剂形成多元络合物以增敏、增溶，或使用其他显色剂或简化操作过程等。荧光分析法具有灵敏度高、选择性好、操作简便等优势，应用日益广泛。

（二）实训项目——火焰原子吸收分光光度法

（一）实训目的

熟练掌握火焰原子吸收分光光度法测定铝的原理及操作技术。

（二）实训原理

样品经消化后，导入原子吸收分光光度计中，经火焰原子化后，吸收波长 309.3nm 的共振线，其吸收量与铝含量成正比，与标准曲线比较定量。

（三）实训试剂

（1）混合酸的配制　硝酸:高氯酸 =5:1。

（2）0.5mol/L 硝酸　量取 32mL 硝酸，加入适量的水中，用水稀释并定容至 1000mL。

（3）铝标准贮备液　精确称取 1.000g 金属铝（纯度大于 99.99%），加硝酸使之溶解，移入 1000mL 容量瓶中并用 0.5mol/L 硝酸定容至刻度，贮存于聚乙烯瓶内, 置冰箱保存。此溶液每毫升相当于1mg铝。

(四) 实训仪器

原子吸收分光光度计。

(五) 实训操作

1. 样品湿法消化

精确称取代表性样品1~2g于150mL的三角烧瓶中, 加入混合酸20~30mL, 盖一玻片, 放置过夜。次日于电热板上逐渐升温加热, 溶液变成棕红色, 应注意防止炭化。如发现消化液颜色变深, 再加浓硝酸, 继续加热消化至冒白色烟雾, 取下放冷后, 加入10~20mL水继续加热消化至冒白烟为止。放冷后用0.5mol/L硝酸洗至25mL的刻度试管中。同时做试剂空白。

2. 样品干法灰化

称取制备好的代表性样品1.0~5.0g置于瓷坩埚中, 于电炉上小火炭化至无烟后移入马弗炉中, 经500℃灰化约8h后取出, 放冷后再加入少量混合酸, 小火加热至无炭粒, 待坩埚稍冷却, 加10mL 0.5mol/L的硝酸, 溶解残渣并移入50mL的容量瓶中, 再用0.5mol/L的硝酸反复洗涤坩埚, 洗液并入容量瓶中, 并稀释至刻度, 混匀备用。同时做试剂空白。

3. 标准曲线制备

吸取2.5、5.0、7.5、10.0mL铝标准贮备液, 分别置于50mL容量瓶中, 用0.5mol/L硝酸稀释至刻度, 混匀。此标准系列含铝分别为50、100、150、200μg/mL。

4. 仪器条件

波长309.3nm, 灯电流、狭缝、空气–乙炔流量及灯头高度均按仪器说明书要求调至最佳状态。

5. 样品测定

将处理好的样品溶液、试剂空白液和铝标准溶液分别导入火焰原子化器进行测定, 记录其对应的吸光度, 与标准曲线比较定量。

(六) 实训结果计算

$$铝含量（mg/kg）= \frac{(C_1 - C_2) \times V}{m}$$

式中　C_1——测定样品液中铝的含量, μg/mL;

C_2——试剂空白液中铝的含量, μg/mL;

　　　　V——样品处理液的总体积，mL；
　　　　m——样品质量，g。

（七）允许偏差

相对标准偏差小于 5%。

项目五
食品中常见有害物质的测定

任务一　有害物质测定的意义

　　食品中有害物质的检验是食品检验与分析中重要的内容之一。食品中有害物质的存在有其生物性、化学性和物理性因素，同时还有污染因素，这些因素又是互相联系的。随着科学技术的发展和人们对食品质量的要求提高，食品中有毒、有害物质也不断地被发现，其产生毒害的机理、对人体毒害的有效剂量以及去除的办法也不断地被人们所认识和研究，如对黄曲霉毒素 B_1、黄曲霉毒素 B_2、黄曲霉毒素 BI、黄曲霉毒素 MI、黄曲霉毒素 MZ、黄曲霉毒素 GI 和黄曲霉毒素 G，就了解得比较清楚，对它在食品中的含量都有明确的控制标准。又如食品中有机氯农药残留量，虽然对其致毒剂量的报道不一，但是已逐步了解了食品中有机氯残留量的危害性，各国的食品卫生标准中对它都有限量指标。食品中有毒、有害物质来源有着多种的途径，总的来说有以下两种途径：一是由于环境污染所造成的食品原料污染，二是食品在贮藏、包装、销售、运输、烹调和加工过程中被污染。按污染性质来说，分为生物性污染和化学性污染。例如，棉子酚、各种霉菌毒素和细菌毒素是生物性污染的结果，食物在熏烤等过程中产生的 3，4 - 苯并芘、包装材料的印刷油墨中的多氯联苯和各种农药残留以及重金属等都属化学性污染。通过科学工作者对生物链的研究，人们加深了对食品污染源的认识。如化工厂大量排放的废水流入河流中，食品工厂用此河水作水源，就可能会造成苯、甲苯和酚类污染。另外，废水中汞、铝和砷等元素，被微小的生物藻类吸收，最终富集于鱼类和贝类之中。蘑菇等真菌类，在生长过程中也可能从培养料中不断地富集微量元素。

　　总之，开展食品中有毒、有害物质的检测，有利于找出污染源，便于采取治理措施，可防止食品受到污染，保障人民的身体健康，并可改造环境，保持自然界的生态平衡。

检验部分中包括：有机氯农药、有机磷农药、亚硝胺和硝基苯、黄曲霉毒素、苯酚和氰化物及非金属毒物、金属类毒物、动植物毒物以及一些添加物的鉴定。鉴定方法大部分属于化学分析方法，只需简单设备和少量的药品就能快速地鉴定出来。而对于有机氯农药残留量、有机磷农药残留量、氨基甲酸酯类农药、一些熏蒸剂残留量、亚硝胺、黄曲霉毒素 B_1 和黄曲霉毒素 M_1、苯与苯酚、氰化物、多氯联苯、苯并芘、4－甲基咪唑、抗生素和激素残留量、棉子酚和黄樟油素等物质的检验，有化学分析法、酶化学法、薄层层析法、荧光分光光度法、气相色谱法、液相色谱法、薄层扫描法和气－质联用法等。由于食品中有害、有毒物质的含量为百万分之一到亿万分之一，一般化学法不能准确地测定其含量，因此目前使用仪器分析方法测定食品中有害物质是检测手段的一个飞跃。

有害元素对食品的污染在国内外都是一个十分严重的问题，汞、镉、铅、砷对食品的污染已给人类带来了严重的危害，致使不少人死亡或终身残废，这在日本、美国、加拿大、瑞典、荷兰、意大利等国都已引起了高度重视。据我国有关部门检测，汞、铅、铬、镉、砷等有害元素对我国的食品有不同程度的污染，在粮食、谷类、鱼、肉、蛋、乳、蔬菜中都可检出，尤其在动物性食品中的检出率较高。因此，必须对食品中有害元素进行检测，以了解有害元素的种类和含量，防止有害元素通过食品危害人类健康，同时给食品生产和卫生管理提供科学依据。

任务二　农药残留量的测定

（一）有机氯农药残留量的测定

有机氯农药的测定方法，有气相色谱法、薄层色谱法、纸上层析法、比色法、高效液相色谱法、紫外、红外分光光度法和拉曼光谱法、发射光谱法、质谱法、核磁共振法、极谱法等。其中以带电子捕获检测器的气相色谱法应用最为广泛。此法灵敏度高，如丙体六六六，最小检出量可达 10^{-12} g；速度快，一般只需几分钟或十几分钟；操作也较方便，进行有机氯农药残留量的定性和定量检测都很适合。薄层色谱法也是常用的分离检测手段，使用薄层扫描仪可进行有机氯农药的定性和定量检测。纸上层析法，操作简便，成本更低，普遍使用，可进行有机氯农药的定性和半定量检测。高效液相色谱法是最近发展的检测手段，已在有机氯农药检测上使用，很有发展前途，特别是对在高温下易分解的农药更为适用。目前由于成本较高，灵敏度还不够理想，还未广泛使用。比色法的缺点是灵敏度不够高，手续比较繁，只有在不能用其他方法检测时才使用。极谱法只对少数有机氯农药有响应，因此使用不普遍。分光光度法及其他光谱法，质谱法和核磁共振法等主要作为有机氯农药的定性检测。由于仪器较贵，使用受到一定的限制。为了提高检测效果，常将各种检测手段同时应用或进行联用，这样就更便于有机氯农药的分离和检测、定性和定量，也便于进一步实现操作的连续化和自动化。

（二）有机磷农药的测定

我国从 1956 年开始生产有机磷杀虫剂，目前已有 20 多个品种在生产上推广应用。有机磷化合物最初是作为杀虫、杀螨剂发展起来的，但目前除了用以杀虫、杀螨外，还被用于杀菌、杀线虫、除草、昆虫引诱、忌避、杀鼠、增效等多方面。目前发现有些有机磷农药及其代谢物对高等动物具有慢性毒性。

有机磷农药的测定方法有：气相色谱法、薄层色谱溶出法、高效液相色谱法等。相关仪器如图 5 - 1 所示。

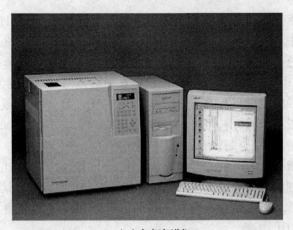

（1）气相色谱仪

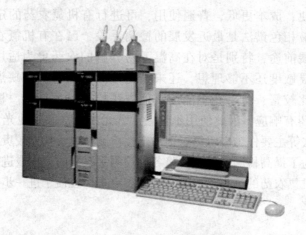

（2）高效液相色谱仪

图 5 - 1　有机磷农药测定仪

任务三　其他有害物质的测定

一　黄曲霉毒素的测定

黄曲霉毒素是黄曲霉菌和寄生曲霉菌新陈代谢的产物。目前已发现的 17 种黄曲霉毒素中均为二呋喃香豆素的衍生物。根据其在波长 365nm 的紫外光下呈现不同颜色的荧光，而分为 B 和 G 两大组。又根据硅胶薄板上分离的 R_f 值不同，分为 B_1、B_2、G_1、G_2 等。B_1、B_2 在生物体内可以转变为 M_1、M_2。其中被污染的粮油食品中只有 B_1、B_2、G_1、G_2、M_1、M_2 6 种。最易污染的粮油食品是花生、玉米、棉籽、可可籽、椰子和咖啡等。对易霉变的霉蛋、蛋粉、肉松、火腿、腊肠、乳和乳制品也具有测定意义。

黄曲霉毒素是损害肝脏的毒素。急性中毒可引起肝脏坏死出血、肝细胞蜕变和胆管上皮细胞增生等。慢性中毒可引起肝癌。它是世界公认的最强烈的一种天然致癌物质。以黄曲霉毒素 B_1、黄曲霉毒素 M_2 毒素的毒性最强。两者均为食品的主要卫生指标。

各种黄曲霉毒素的熔点范围为 200 ~ 300℃。到达熔点时，它可随之分解。其结构式都有一个内酯环，当内酯环被打开时，荧光消失，其毒性也随之消除。在水溶液中，毒素的内酯环很容易与氧化剂起反应，特别是与碱性试剂反应，可部分水解为酚式化合物。所以实验室常用5%次氯酸钠作为消毒剂。黄曲霉毒素可与氢氧化钠溶液生成钠盐，使荧光消失。用盐水浸泡发霉花生米也可降低其黄曲霉毒素的含量。

　　黄曲霉毒素的测定方法有化学检测法、生物检测法和免疫学检测法。后两者作为验证毒性，需要放射性同位素设备，所以在一般实验室中不常使用。化学检测法中，最普遍的方法是用硅胶薄层层析法作半定量或定量测定，灵敏度为5μg/mL。因为设备简单、易于普及，所以目前国内外仍在使用。另有一种简易微柱法，灵敏度可达6～10μg/mL，适用于对大批样品的普查，以迅速排除大量阴性样品，因此常作为筛选方法。高效相色谱法是近几年来发展的方法，快速和准确，但需要昂贵的仪器，故未能广泛使用。

（二）　苯并（a）芘的测定

　　3，4－苯并芘，简称 B（a）P，是一种多环芳烃，分子式为 $C_{20}H_{12}$，相对分子质量为252。B（a）P 化学性质很稳定，致癌作用极强。在烟尘废气及烟熏食品的烟气中，含有致癌作用的多环芳烃类物质，以 3，4－苯并芘最为普遍，故常以它作为多环芳烃类有害物污染指标，限制其在食品中的含量，对烟熏制品的食品生产厂家促进工艺条件的改善，降低食品及原料致癌物质的含量起到积极作用。

　　苯并（a）芘为荧光物质，因此可采用荧光分光光度法进行测定和目测比色法。

任务四　有害化学元素的测定

（一）　砷的测定

　　砷常用于制造农药和药物等。环境中砷的污染主要来自开采、焙烧、冶炼含砷矿石以及施用含砷农药等。水产品和其他食品由于受水质或其他原因的砷污染而有一定量的砷。元素砷不溶于水，无毒；三价砷化合物（例如三氯化砷）的毒性较五价砷化合物（例如五氧化二砷）大；五价砷只有在体内被还原成三价砷才能发挥其毒性作用。砷的化合物，例如砒霜（三氧化二砷）、三氯化砷、亚砷酸、砷化氢等皆有剧毒。人体摄入微量砷化合物，在体内有积累中毒作用，能引起多发性神经炎、皮肤感觉和触觉退化等症状。长期吸入砷化合物，如含砷农药粉尘可引起诱发性肺癌和呼吸道肿瘤。所以在各种食品中砷含量都有限量规定，一般为 0.1～2.0mg/kg。食品中砷的检测方法有沿用已久的古蔡氏砷斑法、二乙基二硫代氨基甲酸银法、原子吸收光度法以及示波极谱法。但目前最常用的为二乙基二硫代氨基甲酸银法和原子吸收光度法。

(二) 汞的测定

汞又称水银，在常温下呈液体状态，广泛地应用于皮毛加工、制药和电解食盐以及化工厂作为触媒等。当工业废水大量倾入江河时，造成了土壤和水中含汞量的增加。植物和水产鱼类等生物体由于生活在被污染的土壤和水质中而不断地富集了汞。汞在生物体内能够从无机汞转化成有机汞（即甲基汞），而且以有机汞形式积累在生物体内。

汞并不是人体内的必需元素，但汞及其化合物可以通过呼吸道、消化道和皮肤进入到人体。金属汞在人体内被氧化成离子后才能产生毒性。大量误服含汞化合物或含汞药物会引起急性中毒，如呕吐和腹泻等。长期吸入较浓的汞蒸气或含汞较高的食品会引起慢性中毒，如神经衰弱等症。而甲基化的甲基汞比无机汞毒性大得多，它是一种亲脂性高毒物，能引起中枢神经系统中毒，如脑病、脑脊髓病或肾、肝脏病等。水俣病就是其中一个病例。

汞的挥发性及生物传递（食物链）这两个特性使汞在环境污染中特别被重视。因为气态汞不但可被人的肺吸入，而且有可能通过毛孔进入皮肤。生物传递可使最初浓度不大的汞浓缩到原浓度的几十万倍，对食物会产生严重的污染。

汞在电气仪器、设备、电解食盐、农药、实验室、药物、牙科等广泛使用。随着工业自动化的发展，汞的世界年用量也急剧增加。因此，对生物环境的污染已引起世界的关注。

对食品中的汞的测定，当食品中汞含量达到1mg/kg时，用双硫脲比色法；当含量在 1mg/kg 以下时，可用汞蒸气测定仪法。而甲基汞的测定则采用气相色谱法。

(三) 铅的测定

铅主要用于制造蓄电池，它的第二个主要用途是制造四乙基铅以用作汽油的防爆剂。铅还用于印刷、油漆、陶瓷、农药及塑料等工业。这些工业用品的生产和使用及铅矿、黄铜矿石的冶炼和煤的燃烧，均会给环境带来铅的污染。铅及其化合物也容易被水生物和农作物吸收和积累，从而导致了食品污染。此外，食品加工厂的设备和器皿，如表面涂有铅的涂层、含铅的陶瓷、搪瓷的釉药及含铅的锡制品等，都可造成铅对食品的污染。

铅非人体必需元素，可通过消化道及呼吸道等进入人体并在体内蓄积，由于机体不能全部排泄，从而产生铅中毒。铅中毒最后会引起血管病、脑溢血及肾炎，还可引起骨骼变病。

铅的相对密度为 11.364，熔点 327.4℃，沸点 1619℃，但加热至 400～500℃即有大量铅逸出。它可溶解于热浓硝酸、热沸的盐酸及硫酸中。

铅能与许多有机试剂生成有色的化合物，可用于铅的比色测定。其中以双硫腙比色法最普及，还有硫酸铅法（定性分析），火焰原子吸收分光光度法（定量分析），氢化物发生原子荧光光谱法（定量分析）。

（四）　镉的测定

镉用于电镀、冶金、颜料、原子能工业和农药工业的杀虫剂，镉还用于制造焊条、白炽灯、光电池、蓄电池以及医药，但镉的广泛使用造成了对生物环境的污染。生活用水中的镉含量还因镀锌或塑料管中镉的污染而增高，被污染的水、土壤又为植物、鱼虾所富集。

镉从受污染的食物、水、空气等经消化道和呼吸道进入人体并积累。慢性中毒可导致肾能衰退、肝损害等。日本由于镉的污染而发生的著名的"骨痛病"，就是从 20 世纪 40 年起在日本富山县神通河流域发现的一种地区性疾病。该流域上游冶炼锌矿排出的含镉废水染了农田，使该地区的米、豆、蔬菜、牡蛎、河鱼等都含有较高的镉，引起骨痛病。

对镉的测定分为定性、定量两类，主要应用原子吸收光谱法进行分析。比色法可用于定性分析，氢化物发生原子吸收光谱法可用于定量分析。

项目六
农产品的品质分析

任务一　农产品分类与贮藏保鲜目的

一　概述

　　农产品是指种植业、养殖业、牧业、林业、水产业等产业部门生产的各种植物、动物的初级产品及初级加工品。

（一）按生产方式分类

　　（1）农产品在土地上对农作物进行栽培、收获得到的食物原料，包括谷类、豆类、薯类、蔬菜类、水果类等。

　　（2）畜产品即人工饲养、养殖、放养各种动物所得到的食品原料，包括畜禽肉类、乳类、蛋类和蜂蜜类产品等。

　　（3）水产品即在江、河、湖、海中捕捞的产品和人工在水中养殖得到的产品，包括鱼、蟹、贝、藻类等。

　　（4）林产食品即取自林木的食品，如松茸、山参、竹笋等。

　　（5）其他食品原料即水、调味料、香辛料、油脂、嗜好饮料、食品添加剂等。

（二）按加工程度分类

　　（1）初加工农产品　初加工农产品包括谷物、油脂、畜禽产品、林产品、渔产品、海产品、蔬菜和瓜果等产品。这类农产品加工程度浅、层次少，产品和原料相比，理化性质、营养成分变化小。

　　（2）深加工农产品　深加工农产品是指必须经过某些加工环节才能食用、使用或贮存的加工品，如消毒乳、分割肉、冷冻肉、食用油、饲料等。这类农产品加工程度深、层次多，经过若干道加工工序，原料的理化特性发生较大变化，营养成分分割很细，并按需要进行重新搭配。

农产品贮藏保鲜的目的

　　农产品贮藏保鲜和加工的根本目的是降低农产品的产后损失，增加农产品经济价值，提高农产品的市场竞争力。良好的贮藏条件能有效地预防农产品的腐败变质、保持农产品的营养品质，这是因为各类农产品在贮藏过程中会由于微生物、虫害及自身的变化等引起腐败变质。比如，稻米产后如果贮存不当，自身的生化变化会迅速导致其品质劣变，使得蛋白质降解和脂肪氧化，劣变后的稻米还会失去新米的清香，产生不良的"陈米臭"，并且蛋白质降解产生的游离脂肪酸、蛋白质与淀粉相互作用可形成环状结构，加强了淀粉分子间的氢键结合，影响大米蒸煮时的膨润和软化。而农产品产后加工是提升其经济价值和市场竞争力的有效手段，如美国和日本农产品产后与采收时的产值之比分别达到 3.7∶1 和 2∶1，这是由美国马铃薯和玉米深加工技术、日木稻谷加工技术和装备较为先进决定的。

任务二　农产品的品质特征及质量标准

　　农产品的价值的最重要的决定因素是农产品的质量，农产品的质量可以用农产品品质来理解。农产品的品质主要是食用品质，主要由基本特性和商品特性构成。品质是农产品的综合特征，直接决定着农产品的可接受性。
　　农产品品质包括以下几个方面：
　　① 基本特性：包括内在品质、性状、成分、营养性。
　　② 卫生品质：有害物的混入、霉变、质变、农药残留等商品特性。
　　③ 感官品质：人的感官所能体验到农产品的外观、质构和风味等。
　　④ 加工特性：贮藏性、加工处理的难易程度、对加工工艺的影响等。

一 农产品品质特征

（一）内在品质

农产品的内在品质主要包括农产品的组分、营养性质等在内的质量指标。

1. 农产品的组分

农产品的组分主要包括碳水化合物、蛋白质、脂肪以及它们的衍生物。各种有机物、矿物质等微量元素，如维生素、酶、有机酸、色素和风味成分等。水也是重要的组分。

2. 营养性质

(1) 碳水化合物　帮助人体有效地利用脂肪，纤维素和半纤维素能维持肠道的健康状况。

(2) 蛋白质　提供人体必需的氨基酸。蛋白质是一切生命的物质基础，从人体营养角度看，将构成人体蛋白质的20种氨基酸分为必需、半必需和非必需的3类。

(3) 脂类化合物　是一类重要的营养物质，为人体提供能量，赋予食品特有的风味，增进食欲，特别是其中的不饱和脂肪酸、磷脂等对人体有保健作用；磷脂是脂肪酸的有机酯，存在于脑、神经、肝、肾、心脏、血和其他组织中，能促进脂肪进出细胞。

(4) 维生素类　维生素A、维生素D、维生素E、维生素K等脂溶性维生素，在农产品中与脂肪结合在一起。

(5) 矿物质　主要是钙、磷、铁三种元素，并以这三种元素的含量评价食品的矿物质营养价值。

大多数水果、蔬菜、豆类、乳制品等含钙、钾、钠、镁元素较多，进入人体后与呼吸释放的 HCO_3^- 离子结合，中种血液中的 pH，使血浆中的 pH 增大，果蔬等被称为"生理碱性食品"。肉、蛋、五谷类进入血液可使 pH 降低，称为"生理酸性食品"。过多摄入酸性食品，体内酸碱平衡失调，严重的引起酸中毒。

(二) 卫生品质

卫生品质是直接关系到人体健康的品质指标的总和。农产品主要是供食用的，如果表面不清洁，尘土、杂质和微生物数量超标，会影响食用者的健康，导致疾病。主要包括生物性指标和化学物质指标两类。主要包括表面的清洁程度、产品组织中重金属含量、农药残留量及其他限制性物质如亚硝酸盐含量等。

(三) 感官品质

通过人体的感觉器官能够感受到的品质指标的总和，也就是通过视觉、触觉、嗅觉、味觉、听觉等感觉器官来评价食品中。一般分为三类：外观、质地、风味，如大小、形状、颜色、光泽、汁液、硬度、缺陷、新鲜度、风味、气味等。

（1）外观因素 大小、形状、光泽度、新鲜度、透明度、色泽、质地等。

（2）质地因素 软、硬、汁液、口香以及粗细、砂等的手感和口感。

（3）风味因素 用舌头感觉到的酸、咸、苦、辣、甜和鼻子嗅到的芳香物质赋予的香味等。食品的风味特别的复杂，都具有很大的主观性，很难准确的测量。

（二）农产品质量标准

按销售对象，农产品可分为两大类：一类为直接消费品，即食品；一类为工业用品，也称为产业用品或工业原料。

我国农产品质量标准：分为普通农产品、绿色食品、有机食品和无公害农产品。

（一）普通农产品的质量标准

（1）技术要求 对农产品加工方法、工艺、操作条件、卫生条件等方面的规定。

（2）感官指标 以人的感官鉴定的质量指标。

（3）理化指标 农产品的化学成分、化学性质、物理性质等质量指标。有些产品还包括微生物学指标及无毒害性指标。

（二）绿色食品的标准

绿色食品是遵循可持续发展原则、按照特定生产方式、经专门机构认定、许可使用绿色食品标志的无污染的农产品。绿色食品标准主要包括绿色食品产地的环境标准，即《绿色食品产地环境质量标准》《绿色食品生产技术标准》《绿色食品产品标准》《绿色食品包装标准》《绿色食品贮藏运输标准》等。

我国的绿色食品分为 A、AA 级两种。A 级绿色食品生产中允许限量使用化学合成生产资料；AA 级严格要求在生产过程中不使用化学合成的肥料、农药、兽药、饲料添加剂、食品添加剂和其他有害于环境和健康的物质，AA 级绿色食品等同于有机食品。

（三）有机食品的标准

有机食品是根据有机农业原则和有机农产品生产方式及标准生产、加工出来的，并通过有机食品认证机构认证的农产品。原则是在农业能量的封闭循环状态下生产，全部过程都利用农业资源，不是利用农业资源以外的能源（化肥、农药、生产调节剂和添加剂等）影响和改变农业的能量循环。有机农业生产方式是利用动物、植物、微生物和土壤四种生产因素的有效循环，不打破生物循环的生产方式，是纯天然、无污染、安全营养的食品，也称为生态食品。

（四）无公害农产品的标准

无公害农产品实际上指不含有某些规定不准含有的有毒物质，以及将有些不可避免的有害物质控制在允许范围以内的果品蔬菜，同时还要达到一般果品蔬菜的其它商品要求。无公害果品农产品的基本要求就是安全、优质、卫生。安全是指食用后绝对不会造成健康危害；优质是指感官品质好，营养成分高，符合食品营养要求；卫生是指三个不超标：一是农药残留不超标，二是硝酸、亚硝酸盐含量不超标，分别为低于 600mg/kg 和 4mg/kg，叶菜和根茎类蔬菜的硝酸盐低于 1200mg/kg；三是有害物质不超标。

任务三 农产品主要组分在贮藏加工过程中的变化

一 色素物质

不同的农产品呈现不同的颜色，其颜色是由许多种色素相互作用而形成的。色素不仅是鉴定果实品质的重要指标和决定采收时间的依据，也是关系到贮藏质量的重要依据。按照溶解性质，可将农产品中的色素分为两大类，一类是脂溶性色素，另一类是水溶性色素。脂溶性色素为叶绿素和类胡萝卜素，水溶性色素为一大类广义的类黄酮色素。

（一）脂溶性色素物质

1. 叶绿素

叶绿素主要存在于水果蔬菜中，使水果蔬菜呈现绿色，其性能稳定，在贮藏过程中叶绿素受叶绿素水解酶、酸和氧的作用而分解消失。

2. 类胡萝卜素

类胡萝卜素主要有胡萝卜素、番茄红素、番茄黄素、辣椒黄素、辣椒红素、叶黄素等。广泛存在于植物的种子、果实、叶片、根系、花中，其性能稳定，颜色从浅黄色到深红色。

（二）水溶性色素物质

果实中的水溶性色素主要是花色素，常呈糖苷状态，称为花色素苷。

1. 花色素

花色素也称为花青素或花色苷色素。在果蔬中多以花青苷的形式存在，常表现为紫、蓝、红等色。花色素在日光下形成。生长在背阴处的蔬菜，花色素含量会受影响。

2. 无色花色素

无色花色素属于黄烷醇类物质。在酸性条件下加热时，可生成花色素，使无色的制品带上颜色，故加工时应注意。

3. 花黄素

花黄素类的色素有黄酮、黄酮醇、黄烷酮和黄烷酮醇。黄酮类多带有酸性羟基，因有酚类化合物的特性。在农产品中存在花黄素类色素，如柑橘类中的橙皮苷、小麦中的麸皮黄酮、麦胚黄酮、大豆异黄酮等。花黄素具有生物活性，可清除自由基、抗衰老、抗肿瘤等功能。

二　蛋白质

（一）小麦及面粉中蛋白质

小麦中的蛋白质是构成面筋的重要成分，在焙烤制品生产中起着特别重要的作用。我国小麦蛋白质含量 9.9% ~17.6% 。大部分在 12% ~14% 。与世界上主要产麦国的冬小麦相比，蛋白质属于中等水平。

蛋白质在小麦中的分布是不均匀的，主要分布在胚乳中，而以胚乳外层含量最多。因此，不同磨粉方法所制出的不同种类的面粉，其蛋白质含量有所差异。面粉中的蛋白质根据溶解性不同可分为麦胶蛋白、麦谷蛋白、麦球蛋白、麦清蛋白和酸溶蛋白 5 种。

（二）稻谷中的蛋白质

稻谷中的蛋白质含量平均在 8% 左右。稻谷蛋白中清蛋白含量为 4.2% ~15.9% ，平均为 12% ；球蛋白含量为 9.4% ~17.8% ，平均为 13.2% ；谷蛋白含量为 64.7% ~84.7% ，平均为 71.7% ；醇溶蛋白很少，小于 5% 。以上几种蛋白在糙米子粒中的分布是不均匀的。稻谷子粒的蛋白质含量越高，子粒强度就越大，耐压性能越强，加工时产生的碎米越少。

（三）玉米中的蛋白质

玉米子粒含有8% ~14% 的蛋白质，这些蛋白质75% 在胚乳中，20% 在胚芽中。玉米粒中的蛋白质主要是醇溶蛋白和谷蛋白，分别占40% 左右，而清蛋白、球蛋白只有8% ~9% 。

（四）大豆中蛋白质

大豆含蛋白质35% ~40% 。大豆蛋白不仅营养价值高，而且具有多方面的功能特性。大豆蛋白质根据溶解性的不同，可以分为清蛋白和球蛋白两类。根据生理功能分类，大豆蛋白可分为贮藏蛋白和生物活性蛋白两类。

（五）水果、蔬菜的蛋白质及其他含氮物质

水果、蔬菜的含氮物质主要是蛋白质和氨基酸，其次是酰胺和铵盐、硝酸盐，这类物质虽在水果、蔬菜中含量很低，但在加工贮藏过程中对产品的品质影响很大。含氮物质在贮藏加工过程中对产品品质的影响如下：

（1）马铃薯、甜菜去皮后容易变黑，这是因为含有酪氨酸，并在酶的作用下进行氧化生成黑色素的结果。若去皮切块后放在一定量的食盐水中，即可防止黑色物质产生。

（2）在罐头生产中，含氮物质的食品经高温长时间的杀菌后，蛋白质分解为硫化氢，硫化氢和罐头中的金属发生作用，产生硫化物，使罐头的内容物变色，马口铁上出现黑斑，称为硫化斑。

（3）蛋白质和单宁结合生成沉淀，有助于果汁澄清。

（4）氨基酸产生香味，谷氨酸、天冬氨酸有鲜味。谷氨酸钠常被加入到番茄汁以及一些果汁饮料中作调味剂。

三 碳水化合物

（一）小麦及面粉中碳水化合物

碳水化合物是小麦和面粉中含量最高的化学成分，约占面粉的75% 。它主要包括淀粉、糊精、纤维素以及游离糖和戊聚糖。

1. 淀粉

淀粉是面粉中最主要的碳水化合物，约占面粉的67% ，淀粉是葡萄糖的自然聚合体。根据葡萄糖分子之间的连接方式的不同分为直链淀粉和支链

淀粉。

2. 游离糖

面粉中含有少量游离糖，约占面粉的 3% 。在面包生产中，糖既是酵母生长的能量来源，又是形成面包色、香、味的基础物质，主要包括葡萄糖和果糖、蔗糖、蜜二糖、蜜三糖等。

3. 纤维素

面粉中纤维素含量占 0.2% ~0.3% 。它会影响面包的口感和外观，而且不易被人体吸收，但纤维素有利于胃肠蠕动，促进对其他营养成分的消化吸收，降低血糖和血脂，对于预防糖尿病和动脉硬化有辅助作用。

（二）稻谷中的碳水化合物

稻谷中碳水化合物主要以淀粉为主，淀粉含量平均为 62.7% ，不同品种稻谷其淀粉含量也不相同，其中籼型稻谷的淀粉含量平均为 62.1% ；粳型稻谷的淀粉含量平均为 64.5% ；糯型稻谷淀粉含量平均为 62.4% 。淀粉大部分存在于胚乳中。它是人体所需热量的主要来源之一，加工时应尽量完整保留，以提高成品大米的出率。

（三）玉米中的碳水化合物

玉米中的碳水化合物主要是淀粉，占 60% ~72% 。普通的玉米淀粉一般含 23% ~27% 的直链淀粉和 73% ~79% 的支链淀粉。

（四）水果、蔬菜中的碳水化合物

水果、蔬菜中的碳水化合物主要有糖、淀粉、纤维素和果胶类四种。

1. 糖

糖是水果、蔬菜味道的重要组成成分之一。果实中含糖的种类有所不同，有葡萄糖、果糖和蔗糖等。果蔬中含糖量不仅在不同品种之间有较大差别，就是同一品种果蔬随成熟度、地理条件、栽培管理技术的不同，含糖量也有很大的差异。糖是水果、蔬菜贮藏期呼吸的主要基质，同时也是微生物繁殖的有利条件。

2. 淀粉

淀粉是植物体贮藏物质的一种形式，属多糖类。水果、蔬菜在未成熟时含有较多的淀粉，但随着果实的成熟，淀粉水解成糖，其含量逐渐减少。贮藏过程中淀粉常转化为糖类，以供应采后生理活动能量的需要。随着淀粉水解速度的加快，水果、蔬菜的耐贮性也减弱。

3. 纤维素

纤维素类主要指纤维素、半纤维素以及由它们与木质素、栓质、角质、果胶等结合而成的复合纤维。纤维素是含绿色素植物细胞壁和输导组织的主要成分，对果实起保护作用，是反映水果、蔬菜质地的物质之一。含纤维素太多时，吃起来感到粗老、多渣。一般幼嫩果蔬中含量低，成熟果蔬中含量高。纤维素对人体无营养价值，但它可促使肠胃蠕动，有助于消化。

4. 果胶

果胶属多糖类化合物，是构成细胞壁的重要成分，果胶通常在水果、蔬菜中以原果胶、果胶和果胶酸三种形式存在。未成熟的果蔬中，果胶物质主要以原果胶形式存在。原果胶不溶于水，它与纤维素等把细胞与细胞壁紧紧地结合在一起，使组织坚实脆硬。随着水果、蔬菜成熟度的增加，原果胶受水果中原果胶酶的作用，逐渐转化为可溶性果胶，并与纤维素分离，引起细胞间结合力下降，硬度减小。因此，在果蔬的贮藏过程中，常以不溶性果胶含量的变化作为鉴定贮藏效果和能否继续贮藏的标志。

（四）脂质

粮食中的脂质主要存在于胚和种皮中，胚乳中的含量较少，一般不超过1%，所以粮食中的脂肪大都在副产品中取出，如米糠油和玉米油。面粉中的脂肪通常为1%～2%，由不饱和程度较高的脂肪酸组成。因此，面粉饼干等加工品的保存期与脂肪的关系很大，特别是无油饼干，所含脂肪量虽极低但也较易酸败。面粉在储存过程中，脂肪受脂肪酶的作用产生的不饱和脂肪酸可使面筋弹性增大，延伸性及流散性变小，结果可使弱力粉变成中力粉，中力粉变成强力粉。这其中还与蛋白质分解酶的活化剂——巯基化合物被氧化有关。陈粉比新粉更适合作面包，因为陈粉比新粉筋力好，胀润值大。

（五）维生素和矿物质

（一）矿物质

小麦子粒的灰分（干基）为1.5%～2.2%；在子粒各部分的分布根不均匀。皮层和胚部的灰分含量远高于胚乳，皮层灰分含量为5.5%～8%，胚乳仅为0.28%～0.39%，皮层灰分是胚乳的20倍。皮层中糊粉层的灰分最高，据分析，糊粉层部分的灰分占整个麦粒灰分总量的56%～60%。

稻谷的矿物质有铝、钙、氯、铁、镁、锰、磷、钾、硅、钠、锌等。稻谷的矿物质主要存在于稻壳、胚及皮层中，胚乳中含量极少。因此，大米的精度愈高，灰分的含量愈低。

玉米子粒中含有大约 1.24% 的灰分，但其组分比较复杂，主要分布在胚芽和玉米皮中，在玉米淀粉的浸泡过程，有很多灰分溶入浸泡水中。大豆中的矿物质含量丰富，总含量一般为 4.0% ~ 4.5%，通常是含钙、磷、铁、钾等元素的无机盐类，大豆中钙的含量是大米中的 40 倍，且易被人体吸收。

水果、蔬菜中含有丰富的钾、钠、铁、钙、磷和微量的铅、砷等元素，与人体有密切的关系。而矿物质中 80% 的是钾、钙、钠等金属成分，磷酸和硫酸等非金属只不过占 20%，水果蔬菜中的矿物质容易为人体吸收。而且被消化后分解产生的物质大多呈碱性，可以中和鱼、肉、蛋和粮食消化过程中产生的酸性物质，起调节人体酸、碱平衡的作用。因此，果蔬又称"碱性食品"，而鱼、肉、蛋和粮食称做"酸性食品"。

（二）维生素

粮食中不含维生素 D、维生素 A，仅含有少量的类胡萝卜素。脂溶性维生素 E 的含量较高，水溶性维生素 B_1、维生素 B_2、维生素 B_5 的含量较高，一般缺乏维生素 C。

小麦和面粉中主要的维生素是复合维生素 B 和维生素 E，维生素 A 的含量很少，几乎不含维生素 C 和维生素 D。在制粉过程中维生素显著减少。这是因为维生素主要集中在糊粉层和胚芽部分。因此出粉率高，精度低的面粉维生素含量高于出粉率低、精度高的面粉。低等粉、麸皮和胚芽的维生素含量较高。维生素 E 大量存在于小麦胚芽中。因此，麦胚是提取维生素 E 极为宝贵的资源。除了在制粉过程中小麦粉维生素显著减少外，在烘焙食品过程中又因高温使面粉维生素受到部分破坏。

稻谷中含有多种维生素，主要有维生素 B_1、维生素 B_2、维生素 B_3、维生素 B_4、维生素 B_6 等 B 族维生素，其次是少量的维生素 A 及维生素 E。

维生素在水果、蔬菜中含最极为丰富，是人体维生素的重要来源之一。包括维生素 A、维生素 B_1、维生素 B_2、维生素 C、维生素 D 等，其中主要是维生素 A、维生素 C。

六 酶

1. 粮食中重要的酶类
粮食中重要的酶有淀粉酶、蛋白酶、脂肪酶等。
2. 果蔬中的主要酶类
果蔬中主要酶类主要分为两大类，一类是水解酶类，另一类是氧化酶类。

水解酶类主要包括果胶酶、淀粉酶、蛋白酶。果胶酶主要有果胶醇酶、果胶酸酯水解酶、果胶裂解酶、果胶酸酯裂解酶。在天然果蔬中，果胶酶存在能够使果胶水解，从而使果蔬变软。在加工中果胶酶对果胶的水解作用，有利于果汁的澄清和出汁率的提高。氧化酶类如多酚氧化酶类，该酶诱发酶褐变，在加工中对产品色泽影响较大。

任务四 农产品的腐败

 果品蔬菜的采后腐败

（一）果蔬采后腐败原因

果蔬组织的生理失调或衰老、采收及采后环节机械损伤造成的损伤、病原微生物侵染危害。其中果蔬组织的生理失调和病原微生物侵染造成的腐败损失最为严重。

（二）采后病害

果蔬采后病害指采收后发病、传播、蔓延的病害。

一类是由病原微生物侵染引起的侵染性病害，另一类是由非生物因素造成的生理性病害。

菌源：果蔬采后病害的菌源主要有：① 产品上携带的带菌土壤和病原菌；② 田间已被侵染病害但未表现症状的果蔬产品；③ 田间已被侵染病害并已发病却混进贮藏库的果蔬产品；④ 分布在贮藏库及工具上的某些腐土菌或弱寄生菌。

（三）果品蔬菜的生理性病害

果蔬在采前或采后，由于不适宜的环境条件或理化因素造成的生理障碍，称为生理性病害。生理性病害只有病状，大多是在果蔬表面或内部出现凹陷、褐变、异味、不能正常成熟等。

生理性病害的病因：收获前因素，如果实生长发育阶段营养失调、栽培管理措施不当、收获成熟度不当、气候异常等；收获后因素，如贮运期间的温度失调、湿度失调、气体成分控制不当等。

（二）粮食的霉变

一般粮食都带有微生物，但并不一定都受到微生物危害而霉变，贮粮环境条件对微生物的影响，是决定粮食霉变与否的关键。以达到生霉阶段作为霉变事故发生的标志。粮食霉变过程和微生物的作用可分为三个阶段：初期变质阶段、中期生霉阶段、后期霉烂阶段。

（三）油料颗粒与植物油脂的腐败

（一）油料颗粒的腐败

酸败，油料颗粒含有大量的脂肪，在条件适合时极易出现变质，大都是氧化变质。油料中脂肪水解比蛋白质、碳水化合物的水解速率快得多。水解变质的油料出油率低，油质差。

生霉腐败，油料籽粒一般呈圆形或椭圆形，堆成垛以后，堆内积热和积湿不易散发，容易引起料堆持久发热，而导致霉变。因此，油料的堆装不易过高。另外油料中脂肪的氧化能放出更多热量，也是油料容易发热的原因之一。

高温"走油"变色，一般情况下，大豆水分超 13%，无论采用何种贮藏方法，当豆温超过 25℃ 时即能发生赤变。豆粒赤变的数量及程度，随保持高温时间的延长而增加。大豆浸油赤变后，发芽率和出油率大大降低，工艺品质和食用价值也明显变劣。

（二）植物油脂的腐败

油脂暴露在空气中会自发进行氧化作用而产生异臭和苦味的现象称作酸败，酸败是含油食品变质的最大原因之一。油脂空气氧化包括自动氧化、酶促氧化和光氧化几种。

油脂氧化首先产生氢过氧化物，它可以继续氧化其他双键生成二级氧化产物。油脂空气氧化过程是一个动态平衡过程，氢过氧化物产生的同时还存在着分解和聚合。油脂空气氧化对食用品质造成很大影响。分解产生的物质有强烈的刺激性气味（哈喇味），影响口味，不宜食用。

影响酸败的主要因素有：氧的存在，油脂内不饱和键的存在，温度，紫外线照射，金属离子存在等。添加抗氧化剂是防止油脂酸败的有效方法。抗氧化剂能与油脂氧化时生成的游离基及过氧化物游离基反应，生成稳定的游离基而终止连锁反应。

(四) 农产品加工制品的腐败

(一) 农产品加工制品腐败变质的常见类型

农产品加工制品的腐败变质是一个复杂的生化反应过程，主要是由于微生物的作用。

(1) 变黏　主要是由于腐败变质细菌生长代谢形成的多糖所致，常发生在碳水化合物为主的粮食食品中。常见细菌如乳酸杆菌等。

(2) 变酸　农产品加工制品变酸常发生在以碳水化合物为主的粮食食品中，主要是由于腐败微生物生长代谢产酸所致。常见细菌如醋酸菌属等。

(3) 变臭　农产品加工制品变臭主要是由于细菌分解以蛋白质为主的食品产生有机胺、氨气、三甲胺、甲硫醇和粪臭素等所致。常见细菌如假单胞菌属等。

(4) 发霉和变色　农产品加工制品发霉主要发生在碳水化合物为主的粮食食品中。

细菌可使蛋白质为主的食品和碳水化合物为主的农产品加工制品产生色变。常见细菌如黑曲霉、红曲霉等。

(5) 变浊　变浊发生在液体食品中，是一种复杂的变质现象。如酵母菌的酒精发酵，能引起果汁的浑浊。

(6) 变软　主要发生于水果蔬菜及其制品中。原因是水果蔬菜内的果胶质等物质被微生物分解。

(二) 引起农产品加工制品腐败变质的因素

农产品加工制品腐败和变质的因素包括物理的、化学的和生物的三种类型。这些因素经常是共同作用的。对于一定的食品来说，有效的贮藏方法必须能够消灭所有这些不利因素的影响或将其降至最低限度。这些因素具体有以下九种：① 细菌、酵母菌和霉菌；② 食源疾病；③ 昆虫、寄生虫的侵染；④ 食品中酶的活动和其他化学反应；⑤ 食品温度控制不当；⑥ 吸水或失水；⑦ 氧参与的反应；⑧ 光；⑨ 时间。

对于绝大多数食品而言，其品质均会随时间的延长而下降。所以，采用适当的加工、包装和贮藏方法可以显著延长食品的货架期（食品品质下降至不可接受时所经历的时间），但不能无限期延长。

项目七
农产品保鲜与加工质量安全管理

任务一　我国农产品加工业存在的食品质量安全问题

由于我国经济、工业和科技的进步，以及大多数人小康生活水平的实现，人类对健康长寿和生活质量的追求，使得人们对食品安全的重视上升到了新的高度。

据国家质量监督检验检疫总局 2001—2003 年的一项专项调查，全国有10.6 万家食品企业，其中，70% 是 10 人以下的家庭作坊式企业，超过 10% 的企业无营业执照，1/5 属无标生产，2/3 不具备食品检验能力，近一半食品出厂不检验，1/4 进厂原料不进行任何把关，60% 不具备基本生产条件，难以保证食品质量安全。按照卫生部提供的统计数字，2003 年卫生部共收到全国重大食物中毒事件报告 379 起，12876 人中毒，323 人死亡。与 2002 年比较，重大食物中毒的报告起数、中毒数、死亡人数分别增加了 196.1%，80.7% 和134.1%。可见，我国的食品安全问题非常严重。

目前我国的食品质量安全问题主要有以下几类：一是生物污染，包括病虫害、生物毒素等，如疯牛病、口蹄疫等；二是化学污染，如化学毒素影响，包括重金属、激素、农药残留等；三是物理污染，如放射性辐射对植物和动物饲料等污染。

食品的不安全因素贯穿于食品供应的全过程，从生产（生长）、加工、包装、流通到消费，其中的每一个环节都有可能受到不同程度的污染，进而引起食品安全问题，威胁人体健康。

从食品供应的过程来看，主要存在以下几种食品质量安全问题。

（一）环境的污染导致食品安全问题

在工业生产和生活过程中，由于人们的环保意识不强，致使环境（土壤、水和大气）的污染而引发食品的污染，如水污染导致食源性疾病的发生，海域的污染直接影响产品的卫生质量。特别是有些污染物还可以通过食物链的生物富集、浓缩，导致污染物浓度增加，引起人类食物中毒。

(二) 种植业和养殖业用药

种植业中广泛使用的化肥、农药以及养殖业中使用的兽药和饲料添加剂一旦使用不当，会造成农产品中对人体有害物质的增加，导致食源性疾病。近年来，中国就发生了多起因蔬菜中的甲胺磷过高引起的食物中毒事件。甚至一些农户为了经济利益，违反法律，随意地滥用农药，导致农作物中农药的高度残留。我国的茶叶因农药的残留问题而使进出口贸易遭到了绿色壁垒的冲击，直接影响了我国的经济贸易发展。

(三) 生产加工过程中的污染

在食品的生产加工过程中，一些添加剂的滥用导致了对食品的化学污染，如肉制品中超量使用发色剂硝酸盐和亚硝酸盐，面粉使用"吊白块"增白，火碱加甲醛加工板筋食品，生姜、银耳用硫化物增白熏黄、加滑石粉等，严重地影响了食品的安全质量。除此之外，由于监管不严，一些小的食品加工企业只图眼前的利益，忽视了食品加工过程的卫生问题，造成了车间卫生不合格，从业人员的个人卫生不达标，构成了微生物污染引起的食品安全问题，而致病微生物是导致食品安全的最大问题。

(四) 食品包装不合格

食品的包装是直接和食品接触的，其安全程度直接影响食品的品质。食品材料会导致食品污染，如塑料等食品包装材料中的单体或低聚物会造成化学污染。一些小的生产厂家还使用非食品包装材料来包装食品，有的包装不合格，不打印生产日期、厂家地址等，影响了食品市场的正常流通。

(五) 假冒伪劣食品

假冒伪劣食品的出现是纯粹的人为因素。1998 年山西的假酒事件造成数十人死亡，江西赣州的数百名群众吃猪肉中毒事件，震惊全国。假冒伪劣食品屡禁不止，一些区域性、集团性的制假售假越来越突出，从过去的单兵作战发展为大规模生产，涉及的种类多、数量大，不但使一些知名的厂商受到一定程度的影响，还严重地危害人们的身体健康和生命安全，扰乱了市场经济秩序，影响了社会的稳定。

（六）现代生物技术应用带来的潜在影响

随着现代生物技术的发展，转基因食品的大量涌现成为人们讨论的热点。美国是采用转基因技术最多的国家，据估计，从 1999—2004 年，美国基因工程农产品和食品的市场规模从 40 亿美元扩大到 200 亿美元，到 2019 年将达到 750 亿美元。

中国在转基因技术方面也做了很多的研究，但真正进入商业化生产的还比较少。转基因的优点是显而易见的，不仅节省了农作物生长的时间，提高了产量，而且节约了生产成本，给世界农业带来了巨大的变革。然而它的安全性还不能完全肯定。虽然目前还没有报道转基因食品给食用者带来任何危险，但可能存在如破坏人类免疫系统、对人体产生毒性以及对环境的污染等潜在的问题。这些不同于传统的食品污染，又尚未被认识，国家应予以很大的关注。

中国政府高度重视食品安全问题，在国民经济"十五"发展规划和纲要中就明确提出"加快建立农产品市场信息、食品安全和质量标准体系"，并将食品安全问题列入了《中国食品与营养发展纲要》。2004 年 9 月 1 日，国务院下发了《关于进一步加强食品安全工作的决定》，把食品安全工作提高到前所未有的高度，对食品安全工作作出重大决策和部署。

任务二　我国农产品质量安全管理现状

（一）农产品质量安全管理机构

根据职能分工，中国农产品质量安全管理机构主要有农业、质检、工商、卫生、食品药品监督管理、发展规划、商务、环保、轻工、公安、法制、教育、认证认可、标准化等十几个部门，数量众多。

不同的机构在农产品质量安全管理中承担着不同的职能。

（1）农业部门　主要负责农产品的田间管理、农业投入品的登记许可、农业质量标准的制定和推广实施、农产品的质量认证、农产品检验检测机构的筹建、农民技术培训等。

（2）质检部门　主要负责进入市场的农产品的质量监督和进出口农产品的质量监督、检疫。

（3）工商部门　主要负责农产品生产、经营者主体资格及农产品市场管理。

（4）卫生部门　主要负责餐饮业和食堂等消费环节农产品卫生管理。

（5）食品药品监督管理部门　主要负责对食品安全的综合监督、组织协调和依法组织查处重大事故。

（6）发展规划部门　主要负责产业发展、资金投入管理。

（7）商务部门　主要负责农产品国内、国外市场流通。

（8）环保部门　主要负责农产品产地环境管理。

（9）轻工部门　主要负责农产品加工管理。

（10）公安部门　主要负责农产品质量安全违法犯罪行为的查处。

（11）法制部门　主要负责农产品质量安全法律法规的管理。

（12）教育部门　主要负责人员培训。

（13）认证认可部门　主要负责农产品认证认可管理。

（14）标准化部门　主要负责农产品质量标准管理。

虽然每个机构都有自己的管理重点，但是职能交叉问题比较严重，很多环节都是由多个部门共同管理。2004 年，国务院又对我国农产品质量安全监管体系作了重大调整，按照一个监管环节由一个部门监管的原则，采取分段监管为主、品种监管为辅的方式，进一步理顺食品安全监管职能。农业部门负责初级农产品生产环节的监管，质检部门负责食品生产加工环节的监管，将原由卫生部门承担的食品生产加工环节的卫生监管职责划归质检部门，工商部门负责食品流通环节的监管，卫生部门负责餐饮业和食堂等消费环节的监管，食品药品监管部门负责对食品安全的综合监督、组织协调和依法组织查处重大事故。新的管理体制已于 2005 年 1 月 1 日开始实施。

（二）农产品质量安全保障体系

（一）法律法规

中国目前已经颁布实施了《中华人民共和国食品安全法》《中华人民共和国标准化法》《中华人民共和国产品质量法》《中华人民共和国农业法》《中华人民共和国种子法》《中华人民共和国渔业法》《农药管理条例》《兽药管理条例》《饲料管理条例》《中华人民共和国动物防疫法》《中华人民共和国进出境动植物检疫法》、《生猪屠宰管理条例》《中华人民共和国消费者权益保护法》等法律法规，为农产品质量安全管理的顺利开展奠定了一定法律基础。近几年，为适应新形势下农产品质量安全管理工作发展的需要，农业部门组织起草了《中华人民共和国农产品质量安全法》和《无公害农产品管理办法》。与农产品安全管理有关的部门和地方各级政府也制定了大量规章制度，有效地推动了农质量安全管理逐步走向法制化轨道。法律法规的完善，也标志着政府开始重视依法行政，强调依靠法律法规来规范生产者、经营者、消费者以及政府的自身职责和任务。

（二）标准体系

作为农产品质量安全管理技术支撑的农业标准体系，经过几年的发展，不断得到充实。截至 2004 年 6 月，农业部门已制定和修订国家标准 580 项，行业标准 1720 项，地方标准 17000 项，其中无公害食品行业标准 395 个，有机食品行业标准 4 项。标准范围和内容延伸到了农业各个领域和环节，初步形成了以国家标准和行业标准为骨干、地方标准为基础、企业标准为补充的农业标准化体系。

截至 2004 年 6 月，农业部门围绕标准的实施与示范，已在全国建立 200 个无公害农产品生产基地、100 个无公害农产品生产示范农场、86 个农产品标准化生产综合示范区、20 个出口农产品标准化示范基地，认定按标准化生产的农业产业化国家级重点龙头企业 370 多家。省级农业部门创建的省级农产品标准化示范基地 1200 多个，认定标准化生产的省级农业产业化龙头企业 2400 多个。农业产业化标准生产的趋势正在逐步形成。

（三）检验检测体系

建立健全农产品质量安全检验检测体系，对农产品质量安全评价和农产品市场监管能够起到重要的技术保障作用。1985 年，国家颁布了《产品质量监督试行办法》。农业部门分别于 1988 年、1991 年和 1998 年分 3 批筹建农产品质检中心，以条件、手段良好的中央和省属农业科研、教学、技术推广单位为依托，利用其专业技术人员和现有试验条件，通过授权认可和国家计量认证的方式，规划建设了国家级产品质检中心 13 个，部级质检中心 179 个。在这 179 个部级质检中心中，有农业环境类质检中心 16 个，农业投入品类质检中心 94 个，农业产品类质检中心 67 个。目前已有 165 个部级质检中心获得了农业部门的授权认可和国家计量认证，并正式开展工作。

地方各级政府部门还建立了省级农产品质检中心 480 个，地、市、县级农产品质检站（所）1200 余个。据统计，全国大多数省份都建立了农产品质检中心，1/3 的地市和 1/5 的县建立了服务于生产和市场监管的农产品检测机构，规模较大的农产品生产基地和批发市场也建立了以速测为主的检测点，开展了以自控为主的检测工作，有效控制了农产品的源头污染。我国农产品质量安全检验检测体系的雏形已初步形成。

（四）认证体系

农产品质量认证工作，具备披露信息的功能，通过建立在第三方公正地位的权威机构，遵循科学程序、借助公正检测数据做出的认证结论，可以把认证产品的质量安全信息以证书和认证标志的形式直观地反映出来，使农产品内在的品质信息外部化，有效解决了农产品信息不对称的问题。

从20世纪90年代初开始，我国便开始了农产品质量认证体系的建设。经国务院批准，农业部门自1990年开始在全国倡导、推动发展绿色食品认证工作，并成立了中国绿色食品发展中心，具体负责绿色食品认证；2003年成立了农产品质量安全中心，具体负责无公害农产品认证；2002年成立了中绿华夏有机食品认证中心和中国农业科学院中农质量认证中心，开展有机食品认证工作。至此，我国已经形成了无公害食品、绿色食品、有机食品三位一体的农产品质量安全认证格局。

截至2004年6月，我国通过无公害农产品认证的生产单位有7198家，产品达9917个，实物总量5812万t，认定产地7490个；绿色食品生产单位有2290家，产品达4710个，实物总量3810万t；农业系统认证的有机食品生产单位有417家，产品达662个，实物总量2407万t。我国农产品质量安全认证工作已经平稳起步，具备了一定的发展基础。

任务三　粮食及其制品质量安全与控制

（一）稻谷贮藏中存在的质量安全问题

稻谷在贮藏期间，由于其本身呼吸作用以及受微生物与害虫生命活动的综合影响，往往会发热、霉变、生芽，导致稻谷品质劣变，丧失生命力，造成重大损失。稻谷呼吸作用和微生物与害虫生命活动的强弱，与稻谷的水分、温度以及大气的湿度与氧气等因素密切相关，其中，水分与温度又是最主要的因素。在保管过程中要通过控制各种因素把稻谷呼吸强度和微生物与害虫的生命活动压制到最微弱的程度，以防止稻谷发热、霉变、生芽，确保稻谷安全贮藏。

(二) 小麦贮藏中存在的质量问题

小麦种皮较薄，无外壳保护，组织松软，含有大量的亲水物质，吸水能力强，极易吸附空气中的水汽，易滋生病虫，引起发热霉变或生芽。吸湿后的小麦子粒体积增大，容易发热霉变。此外，小麦是抗虫性差、染虫率较高的粮种。除少数豆类专食性虫种外，小麦几乎能被所有的贮粮害虫侵染。

(三) 玉米贮藏中存在的质量安全问题

玉米外层有坚韧的果皮，透水性弱，但水分较容易从种胚和发芽口进入，不利于安全贮藏。玉米同一果穗的顶部与基部授粉时间不同，致使顶部子粒成熟度不够，成熟度往往不很均匀。种子成熟度的差异会导致脱粒时子粒破碎增多。受热害或晚秋玉米受冻等原因，均能增加种子生理活性，促使呼吸作用增强，不利于安全贮藏。玉米胚部大，易吸水且脂肪含量高，胚部的脂肪酸值远远高于胚乳，酸败首先从胚部开始，同时胚部水分高，营养丰富，易生霉。

(四) 粮食制品质量方面有哪些危害性因素

(一) 粮食制品中可能存在的化学性危害

主要的化学污染物包括农药、不当使用的食品添加剂、食品工业有害物质等。

(1) 农药残留农药对人体产生的危害，包括致畸性、致突变性、致癌性以及对生殖和遗传的影响。

(2) 食品添加剂不正确使用可导致的安全问题有：急性和慢性中毒；引起变态反应，如糖精可引起皮肤瘙痒症；在人体内蓄积；食品添加剂有些转化物为有害物质；部分添加剂被确定或怀疑具致癌作用。

(3) 食品工业有害物质的污染污染途径有大气污染、工业废水污染、土壤污染，容器和包装材料的污染等。

(二) 粮食制品中可能存在的生物性危害

生物性危害按生物的种类主要分为细菌危害、霉菌危害、昆虫危害等。

(1) 霉菌危害 粮食上的真菌包括寄生虫、腐生菌和兼寄生菌。腐生菌在粮食上的数量最多，对粮食危害最大。粮食中典型的腐生菌是曲霉和青霉，这些腐生菌是造成粮食霉变发热、带毒的主要菌种。霉菌侵染粮食后可发生各种类型的病斑或色变。霉变的粮食营养价值降低，感官性状恶化，更为重要的是霉变毒素对人体可能造成严重危害。

（2）细菌危害　一般而言，细菌不会引起粮食发热，因为细菌活动需要游离的水存在，同时只有粮食籽粒表面出现孔道或创伤时，细菌才能进入粮食籽粒内部，并进入活跃期。但是，粮食的磨粉加工可以引起细菌的生长繁殖及食物变质。

（3）昆虫危害　有粮食害虫、螨类、蝇类和蟑螂等。

（三）粮食及其制品中可能存在的物理性危害

粮食及其制品中物理性危害是指在粮食及其制品中存在着非正常的具有潜在危害的外来异质，常见的有玻璃、铁丝、铁钉、石块、骨头、金属碎片等。粮食及其制品中物理危害的来源，一是原料中存的物理性危害，二是加工过程中混入的异物。

五 小麦面粉生产的质量安全控制

（一）小麦清理

（1）清理流程　小麦清理流程通常包括下述步骤的一部分或全部：初清（初清筛）→筛选（带风选）→去石→精选→磁选→打麦（清打）→筛选（带风选）→着水→润麦→磁选→打麦（重麦）→筛选（带风选）→磁选→净麦仓。

（2）安全卫生控制方法　用磁选器清理，避免集结的金属掉到麦粉中；检查去石机或去石分级机的筛面磨损情况，光滑的筛面不利于石子上爬；保证润麦用水的清洁卫生，贮水箱定时清洁消毒；采取有效方法，尽量缩短润麦时间，防止微生物生长繁殖；润麦仓要合理周转使用，保证着水后的小麦或洗过的小麦能及时进行润麦。

（二）小麦研磨

（1）研磨方法　小麦研磨是通过磨齿的相互作用将麦粒剥开，从麸片上刮下胚乳，并将胚乳磨成具有一定细度的面粉。同时，应尽量保持皮层的完整，以保证面粉的质量。

（2）安全卫生控制方法　定时清理磨粉机磨膛内壁的残留面粉，杜绝微生物污染；及时清理堆积在车间内的下脚料，保证面粉生产的环境卫生；加强对员工的生产管理、卫生管理的培训和教育，提高员工的卫生意识；物料回机应严格按原则执行，不能随便回机。

（六）　大米生产的质量安全控制

（一）　原料中杂质控制

（1）化学性危害控制　选择耕地必须远离化工企业、制革企业、冶炼企业等高危产业的场地，选择具有良好抗逆性和抗病性的水稻品种，建立良好的耕作制度，防止滥用化肥和农药造成的污染。

（2）生物性危害控制　加强田间管理，收获后及时清理，控制有毒植物和有害杂草籽混入；控制贮藏环境的温湿度条件，防止粮食的霉变产生毒素，对已经污染的粮食进行去毒处理。

（二）　碾米、成品及辅产品处理各工序危害控制

（1）加工工序的各个环节　车间需设防蝇、防暑设施，定期对生产车间进行消毒处理；加强操作人员的卫生质量意识，定期对从业人员进行健康检查；选择耐腐蚀、防污染的生产设备和用具，防止清洗过程中使用的试剂的残留。

（2）包装材料的选择　应选择符合卫生标准的包装材料，并保证包装材料贮存场所的卫生，防止污染。

（3）贮运各环节引入危害的控制　保持运输工具的清洁卫生，对仓库进行定期清理及消毒。同时，应注意通风设备的完善以及运输环境的温度。

（七）　糕点加工的质量安全控制

糕点因品种、配方不同生产工艺有所差别，其基本工艺流程如下。

原料接收及预处理→原料计量→原辅料配制→成型→焙烤→冷却→产品整理→计量包装→入库。

（1）原料的控制　采购的原辅料必须向出售方索取检验合格证书。不符合规定的，如霉变、坏粒等原料应拒绝入库，在贮存过程中出现质量问题的也应废弃。添加剂的使用应严格按照《食品安全国家标准　食品添加剂使用标准》（GB 2760—2011）规定的使用范围和使用剂量标准添加。

（2）生产加工过程　生产中用的所有原料需经消毒处理，严格控制沙门氏菌的污染。在焙烤过程中应严格控制焙烤温度及焙烤时间，达到杀菌作用，并控制产品的含水量。加工设备及产品盛放容器应按照要求清洗消毒，盛放容

器不得直接接触地面，各类食品包装材料均应符合国家卫生标准。

（3）加工者及环境卫生　加工者的手部卫生是关键控制点，手的消毒应严格按照消毒程序进行。同时，要加强生产环境的改善，建立环境卫生制度，定期清扫、消毒、检查、用灭菌剂在厂区喷雾，消灭空气中的微生物，禁止在车间四周乱堆放杂物等。

⑧ 保鲜主食产品加工的质量安全控制

保鲜主食产品有饭、面、粥等。

（1）原辅料的控制　采购的原辅料必须向出售方索取检验合格证书。不符合规定的拒绝入库，原料在贮存过程中出现质量问题应废弃。必须使用国家规定的定点厂生产的食品级添加剂，添加剂的使用严格执行《食品安全国家标准　食品添加剂使用标准》（GB 2760—2011）规定的使用范围和使用剂量。

（2）生产加工工程　蒸煮杀菌过程中应严格控制蒸煮温度及蒸煮时间，达到杀菌作用，加工设备及产品盛放容器应按照要求清洗消毒，盛放容器不得直接接触地面，各类食品包装材料均应符合国家卫生标准。

（3）加工者及环境卫生　保鲜主食产品生产过程中，人员卫生是影响半成品原始含菌量的重要因素，要求操作人员严格执行卫生操作规范。同时，要加强生产环境的改善，建立环境卫生制度，定期清扫、消毒、检查、降低空气中的微生物数量，禁止在车间四周乱堆、乱放杂物等。

⑨ 油脂质量安全控制

（一）原辅料控制

（1）采购的原辅材料应符合国家有关食品卫生标准或规定的要求，对涉及转基因成分鉴别的原料应实施转基因成分检测，使用的动物源性原料应来源于健康的动物并经有关部门检疫合格。

（2）生产加工过程使用的食品添加剂应采用我国允许使用的食品添加剂，添加量应符合有关标准规定要求。

（3）生产所用的溶剂、加工助剂的使用应符合国家有关规定。

（4）企业应加强原辅料食品安全控制工作，必要时建立原辅料备案基地，确保原辅料安全。

（二）生产加工卫生控制

1. 生产加工过程中的卫生

（1）生产企业应制定相应的工艺技术措施，确保成品符合食用油脂有关质量、卫生标准的要求。

（2）食用油脂车间不得加工非食用油脂。

（3）按照油脂品种采用适宜的过滤设施。

（4）需要进行杀菌的产品应严格按杀菌程序进行控制。

2．设备、设施的清洗和维护

（1）当更换原料品种或设备、设施使用时间较长时，应及时清洗设备。

（2）厂房、设备、排水系统和其他机械设施，应保持良好的状态，每天工作结束后或必要时应彻底清扫（清洗）生产场地，必要时进行消毒。

（3）更衣室、厕所等公共场所，应经常清扫、清洗、消毒，保持清洁。

3．废弃物处理

（1）厂房通道及周围场地应当保持清洁，不得堆放废弃物等杂物。

（2）生产场地和其他工作场地的废弃物应随时清除，并及时清理出厂，废弃物容器及其存放场地应及时清洗、消毒。

任务四　果蔬产品加工过程中的安全与控制

一　果蔬在加工过程中存在的安全问题

包括各类果蔬制品在内的食品的安全性一般是指食品的相对安全性，也是指一种食物或事物成分在合理食用和正常食用情况下导致对健康的损害。这种危害包括导致消费者本身发生急性或慢性疾病，同时也包括消费者因食用该食品而造成其后代健康存在的隐患。

果蔬制品从原料的种植、生长和收获、加工、贮存、运输、销售到食用前整个的环节，都有可能被某些有毒有害物质进入果蔬制品而使果蔬制品的营养价值和卫生质量降低或对人体产生不同程度的危害。

果蔬在加工过程中引起的制品安全问题来源主要有三个方面。

生物性污染：包括微生物污染、寄生虫污染、昆虫污染。

化学性污染：包括农药污染、工业废物污染、食品添加剂污染、包装材料污染。

物理性污染：包括金属污染。

（二） 生物性危害的来源危害及预防控制

（一） 细菌性危害

1. 细菌性危害的来源

（1）原料污染。

（2）产、贮、运、销售过程中的污染。

（3）从业人员的污染 食品从业人员不认真执行卫生操作规范，通过手、上呼吸道而造成食品的污染。

（4）烹调加工过程中的污染 在果蔬制品加工过程中未能严格贯彻烧熟煮透、生熟分开等卫生要求，再加上不卫生的管理方法，使果蔬制品中已存在或污染的细菌大量繁殖，从而损坏果蔬制品质量、危害消费者健康。

2. 造成的危害

果蔬在加工过程中污染了细菌，特别是致病菌后，这些有害微生物不仅会引起果蔬制品的败坏变质，而且能引起食物中毒的发生。

3. 危害预防及控制

（1）食品原料 对原料的严格控制是加强食品卫生工作的第一步。原料加工前的挑选、消毒等需严格控制。

（2）生产经营过程中的卫生管理。

（3）生产从业人员的卫生管理。

（4）控制致病菌的生产与繁殖。

（5）控制细菌毒素的形成。

（6）食品在食用前采用必要措施，使病原菌得有效控制。

（二） 真菌危害

1. 来源

主要来源于产毒真菌，此类真菌仅限于少数产毒真菌，主要有曲霉菌属（如黄曲霉），青霉菌属，镰刀菌属等，主要污染谷物、麦类、发酵食品等。

2. 预防及控制措施

（1）选用抗病品种。

（2）作物收获时要及时晒干、脱粒。

（3）粮食的贮存管理要规范。

（4）食品加工前应测定毒素含量。

（5）不吃霉变食品。

（三）病毒危害

1. 来源

主要为食源性病毒。

2. 危害

引起多种人体疾病，甚至造成某些疾病的流行。

3. 途径

原料植物的环境中污染了病毒、原料植物带病毒、食品加工人员带病毒、食品加工人员不良的卫生习惯、生熟不分造成带病毒的原料污染半成品或成品。

4. 预防控制

（1）对食品原料进行有效的消毒处理。

（2）严格执行卫生标准操作规程，确保加工人员健康和操作过程中各环节的消毒效果。

（3）不同清洁度要求的区域应严格隔离。

（四）寄生虫危害

主要是蝇类、螨类、蟑螂等的污染，此污染可通过控制加工场地的环境进行有效控制即可得到保证。

（五）天然毒素的危害

主要来源于含有生物碱（如罂粟科、豆科、烟草）、苷类（如杏仁）、有毒蛋白和肽（如毒蘑菇）、发芽的马铃薯、新鲜的黄花菜等。

三　化学性危害的来源危害及控制

（一）原料中的农药残留

1. 危害

人长期摄入含农药残留的动物性食品后，药物不断在体内蓄积，到一定程度时就会对人体产生毒性作用。如可引起过敏反应和变态反应、癌变等作用。

2. 控制措施

（1）加强农药管理。

（2）禁止和限制某些农药的使用范围。

（3）规定施药与作物收获的主要间隔期。

（4）制定农药在食品中的残留量标准。

（5）推广高效低残留的新农药。

（6）合理饮食。

（二）原料中含有的工业有害物质

主要来源于工业废水污染、利用被污染的食物作饲料等。

（三）食品添加剂的不正确使用

食品添加剂的不正确使用将导致人急性或慢性中毒、致癌等反应。这可以通过下面方法进行有效控制，如加强对食品添加剂的管理、使用添加剂遵循规范的原则，对禁止使用的食品添加剂要严格管理。

（四）食品容器、包装材料的不正确使用

主要是由塑料、搪瓷和陶瓷、玻璃、金属、纸板、橡胶等对制品造成的污染。

（四）物理性危害来源及控制措施

1. 来源

（1）由原材料中引入的物理性危害。

（2）加工过程中混入的异物。

（3）畜禽和水产品因加工处理不当造成的污染。

2. 危害

物理性危害主要是在食品中存在的非正常的具有潜在危害的外来异物，常见的有玻璃、铁钉、铁丝、石块、骨头、金属碎片等，当食品中有上述异物时可能对消费者造成人体伤害，如卡住咽喉或食道、划破人体组织和器官特别是消化道器官、损坏牙齿、堵住气管引起窒息等。

3. 控制措施

（1）原材料中物理危害的控制。

（2）在生产过程中的关键过程。

（3）对可能成为食品中物理来源的因素进行控制。

任务五　禽畜产品质量安全与控制

(一)　畜禽肉腐败变质

禽畜肉腐败，会在感官上发生很多异常现象。在肉的表面会出现发黏、拉丝的现象，肉的颜色不再鲜亮，而是变暗、发灰、发褐或是变绿，同时还伴有不良的气味。

夏季畜禽肉容易腐败变质的原因：在夏季或是温度比较高的环境下，畜禽肉特别容易发生腐败变质。这是因为在温度较高的时候，肉上的腐败微生物迅速繁殖，产生黏液和色素，使畜禽肉发黏和变色。另外，不同的微生物在肉上形成不同的代谢物，使肉产生臭味、酸味或是其他的不良味道。有的时候，由于一些霉菌的作用，在肉表面会产生霉斑。

(二)　怎样预防畜禽肉的腐败变质

预防畜禽肉的腐败，最重要的是防止微生物的污染和抑制肉中分解酶的活性，通常有以下几种方法。

(1) 冷藏和冷冻　即降低温度使微生物活动或是肉中分解酶的活性减弱或停止。

(2) 加热　高温可以杀死大量的有害微生物，同时破坏分解酶的结构，可以有效地预防畜禽肉的腐败。

(3) 干制脱水处理　即降低畜禽肉中的水分含量，抑制微生物和酶的作用，防治腐败变质。常用的干制脱水方法有日晒、食盐脱水、鼓风吹干等。

(4) 腌制　即在畜禽肉中添加盐或糖，提高渗透压，降低水的活性，使得微生物脱水死亡，从而达到防止腐败的目的。

(5) 烟熏　用树木枝叶等对畜禽肉进行烟熏处理，使肉失去部分水分，同时大量吸收了烟中的防腐物质，可有效抑制微生物和分解酶的作用，防止肉的腐败。

（三）危害畜禽产品安全的种类

通常将畜禽产品中安全危害分为生物性危害、化学性危害和物理性危害三类。

1. 生物性危害

生物性危害主要包括细菌性危害、病毒性危害和寄生虫危害。如畜禽在活着的时候感染人畜共患的传染病和其他传染病，或感染了寄生虫等。

2. 化学性危害

化学性危害主要包括农药污染、兽药污染、环境污染、放射性污染、添加剂残留、加工过程中形成的化学物质。如畜禽产品中农药残留，特别是有机氯农药等脂溶性农药，在动物体内排泄缓慢，极易残留。在畜禽养殖过程中的预防和治疗疫病时，使用的药物种类繁多，包括抗生素、磺胺制剂、生长促进剂和各种激素制品等，滥用这些制品会造成极大危害。

3. 物理性危害

物理性危害主要是指食物中混有危害人体健康的金属块、玻璃渣等物体。

（四）畜禽产品的安全控制

1. 畜禽产品进入市场流通前的检验检疫

根据中华人民共和国农业部 2002 年 5 月 24 日颁布的《动物检疫管理办法》，所有动物、动物产品在出售或者运出养殖地或是加工地前，必须通过所在动物防疫监督机构的产地检疫，合格后方可出售或运出，否则禁止出售。各地人民政府畜牧兽医行政管理部门主管本行政区域内的动物防疫和检疫工作。动物屠宰前应当逐头进行检查，健康无病的动物才能屠宰，患有疾病的动物和疑似患有疾病的动物应按照有关规定处理。动物屠宰过程中实行全流程同步检疫，对头、蹄、胴体、内脏等进行编号，对照检查。检疫合格的动物产品，加盖验讫印章或加封检疫标志，出具动物产品检疫合格证明。检疫不合格的动物产品，要按照规定作无害化处理或是销毁。

2. 加强畜禽产品的运输安全

（1）不运输严重污染的畜禽产品；

（2）运输冷冻产品要使用冷藏设备，车、船应保持 $0 \sim 5 \text{℃}$，如果不能达到要求，温度也要控制在 10℃ 以下；

（3）运输过程中要采取防腐、防变质措施，运输工具材料要不易腐蚀，方便清扫而长期使用；

（4）装运尽量简便快速、直达，减少中转环节，缩短装运时间。

3. 加强农贸市场畜禽产品的安全管理

在我国，农贸市场是传统的农产品集散地，其中畜禽及其制品销售区是最潮湿的地方之一，也是最容易产生质量问题的地方之一。所以为了保证畜禽及其产品的安全，必须要出售健康卫生的活禽，品质安全可靠的畜禽产品；其次要在4℃左右的低温下销售，对废弃物要及时处理。另外，随着经济的发展和市场的规范，应取缔在农贸市场上销售活的畜禽，要求用低温冷柜贮藏销售畜禽产品。

4. 我国颁布的畜禽产品质量安全控制的有关法律法规

畜禽产品质量安全事关消费者的身心健康，为了确保畜禽产品的质量安全，我国颁布的有关畜禽产品生产和流通控制相关法律法规有：《中华人民共和国动物防疫法》《中华人民共和国进出境动植物检疫法》《动物检疫管理办法》《生猪屠宰管理条例》。

任务六 水产品质量安全与控制

（一）影响水产品质量安全的环境因素

（1）水环境的污染不仅直接危害鱼类的生长，而且通过生物富集与食物链的传递危害人类健康。

（2）生活环境不同，水产品的生物活性成分与陆生动植物中存在着较大的差异，水产品更易于腐败变质，部分鱼贝类体内还含有毒素。这些特点也为水产品的安全利用带来了严峻的挑战。

（3）水产品质量安全监管体系薄弱。我国水产品质量安全标准、检验检测和安全追溯等体系建设仍有很大差距。

（4）非法使用违禁药物、制售假冒伪劣饲料、药物残留等问题没有从根本上解决，生产。流通及加工等环节质量安全隐患还很多。鱼药的大量和不当使用，以及对鱼药的生产、销售和使用监管力度不够及加工过程中产品安全质量保障措施不健全，导致部分水产品中添加剂和药物残留量严重超标，也进一步影响了我国水产品的安全品质。

（二）危害水产品质量安全的因素

通常将水产品中安全危害分为生物危害、化学性危害和生物腐败三类。

（一）生物危害

生物危害主要包括致病菌危害、病毒危害、生物毒素危害和寄生虫危害。

（1）来源于水产品中的致病菌分为两种，一种是自身原有的细菌，广泛分布于世界各地的水环境中，并受气温的影响。例如肉毒梭菌和副溶血性弧菌。另一种致病菌是水产品非自身原有细菌。例如沙门氏菌属，可生活在被人或动物粪便污染的环境中。

（2）生物毒素主要有麻痹性贝毒、腹泻性贝毒、神经性贝毒、雪茄毒素和河豚毒素等。

（3）鱼体中寄生虫是常见的，但大多与公众健康关系不大。所有寄生虫都是因人们食用生的或未经烹调水产品而被传染的。

（二）化学性危害

化学性危害主要包括农药污染、鱼药污染、环境污染、有机污染、添加剂残留、重金属残留及加工过程中形成的化学物质。

（1）水产品中的药物残留，主要有氯霉素、磺胺、四环素、土霉素等。在水产品养殖过程中，这些违禁药物的食用导致其在水产品体内残留。

（2）人们向海洋倾倒数以万吨的工业废料和淤泥，往海中排放农业上使用的化学物质，还有庞大的城市人口和工业排放的未经处理的生活和工业污水，造成沿海环境和淡水环境的污染，导致一些化学物质以各种方式进入到其他水生生物体内，造成了重金属离子的富集。

（三）生物腐败

生物腐败主要是由鱼体内的活性酶类、脂肪氧化和体表的微生物作用导致的。水产品体内内源性酶类、脂氧合酶类等的作用会使蛋白质分解，脂肪氧化酸败，导致水产品品质变差，也会带来水产品的安全问题。

（三）水产品进入市场流通前的检验检疫

（1）中华人民共和国农业部 2002 年 5 月 24 日颁布的《动物检疫管理办法》第 28 条指出：出售或者运输水生动物的亲体、稚体、幼体、受精卵、发眼卵及其他遗传育种材料等水产苗种的，货主应当提前20天向所在地县级动物卫生监督机构申报检疫；经检疫合格，并取得动物检疫合格证明后，方可离开产地。

（2）《动物检疫管理办法》第29条规定：养殖、出售或者运输合法捕获的野生水产苗种的，货主应当在捕获野生水产苗种后2天内向所在地县级动物卫生监督机构申报检疫；经检疫合格，并取得动物检疫合格证明后，方可投放养殖场所、出售或者运输。

（四）我国水产品质量安全控制的有关法律法规

我国已初步建立了食品质量管理的法律法规体系。

（1）有关法律主要有《中华人民共和国食品安全法》《中华人民共和国产品质量法》《中华人民共和国渔业法》《中华人民共和国标准化法》《中华人民共和国商标法》《中华人民共和国计量法》《中华人民共和国进出口商品检疫法》《中华人民共和国消费者权益保护法》《中华人民共和国环境保护法》等。

（2）有关法规有《食品生产加工企业质量安全监督管理办法》《食品标签标注规定》等。

任务七　HACCP 与食品质量安全管理

（一）概述

食品是与人类的安全、健康密切相关的特殊产品，食品安全已经成为全球公众健康优先考虑的问题。1997年6月，联合国食品法典委员会（FAO/CAC）发布"HACCP 体系及其应用指南"，使 HACCP 成为国际性的食品生产安全的管理体系和标准。HACCP，即"Hazard Analysis Critical Control Point"，中文名称为危害分析和关键控制点。HACCP 方法在国际上被认为是控制食源性疾病的最有效方法。HACCP 管理体系是世界上最先进的食品质量管理体系，特别是对于容易腐烂的肉制品和水产品。目前，HACCP 管理体系已成为国际上检验和控制食品安全卫生和质量的共同准则。

（二） HACCP 体系的概念

GB/T 15091—1994《食品工业基本术语》对 HACCP 的定义为：生产（加工）安全食品的一种控制手段；对原料、关键生产工序及影响产品安全的人为因素进行分析，确定加工过程中的关键环节，建立、完善监控程序和监控标准，采取规范的纠正措施。国际标准 CAC/RCP—1《食品卫生通则 1997 修订 3 版》对 HACCP 的定义为：鉴别、评价和控制对食品安全至关重要的危害的一种体系。

HACCP 可应用于由食品原料至最后消费的食品这一食物链的整个过程中，成功的 HACCP 系统需要有完整的推行小组与生产者和经营者参与。HACCP 推行小组必须包括有各方面的专家，例如：食品技术专家，生产管理者，微生物专家或是机械工程专家等的参与，方能顺利执行。HACCP 系统在应用上与 ISO 9000 系统是兼容的，都是确保食品安全的良好管理系统。

（三） HACCP 体系的特点

HACCP 作为科学的预防性食品安全体系，具有以下特点：

（1）HACCP 是预防性的食品安全保证体系，但它不是一个孤立的体系，必须建立在良好操作规范（GMP）和卫生标准操作程序（SSOP）的基础上。

（2）每个 HACCP 计划都反映了某种食品加工方法的专一特性，其重点在于预防，设计上防止危害进入食品。

（3）HACCP 不是零风险体系，但使食品生产最大限度趋近于"零缺陷"。可用于尽量减少食品安全危害的风险。

（4）恰如其分地将食品安全的责任首先归于食品生产商及食品销售商。

（5）HACCP 强调加工过程，需要工厂与政府的交流沟通。政府检验员通过确定危害是否正确的得到控制来验证工厂 HACCP 实施情况。

（6）克服传统食品安全控制方法（现场检查和成品测试）的缺陷，当政府将力量集中于 HACCP 计划制定和执行时，对食品安全的控制更加有效。

（7）HACCP 可使政府检验员将精力集中到食品生产加工过程中最易发生安全危害的环节上。

（8）HACCP 概念可推广延伸应用到食品质量的其他方面，控制各种食品缺陷。

（9）HACCP 有助于改善企业与政府、消费者的关系，树立食品安全的信心。

上述诸多特点根本在于 HACCP 是使食品生产厂或供应商从以最终产品检验为主要基础的控制观念转变为建立从收获到消费，鉴别并控制潜在危害，保证食品安全的全面控制系统。

（四） HACCP 体系的核心原则和主要控制过程

在 HACCP 的运用过程中，使用微生物标准，是进行关键控制监测最有效的方法。关键控制点监测也可用物理、化学及感官评估等方法来完成。

1. 危害分析

要从原料的生产、加工工艺步骤以及销售和消费的每个环节可能出现的多种危害（包括物理、化学及微生物的危害）进行确定，并评价其相对的危害性，提出预防的措施。

2. 关键控制点（CCPs）的确定

关键控制点是指那些若控制不力就会影响产品的质量，从而危害消费者身体健康的环节。一般说来，关键控制点要少于 6 个。一旦被确定为关键控制点则都要照例进行监测。所以说，关键控制点的选择是 HACCP 系统的主要部分。

3. 设定管制 CCPs 的标准

对已经确定的每一个 CCPs，都必须制订出相应的管制标准和适当的检测方法。经常管制的标准包括：时间、温度、水分活度（A_W）、pH、可滴定酸盐的浓度、防腐剂含量、有机氯浓度等。

4. 确定监控过程及监控 CCPs

标准设定后，每一个 CCPs 都必须进行例行监测，以确保每一环节都维持在适当的管制状态下。每次 CCPs 检测的结果都要进行认真记录、存档，便于今后对可能出现的事故进行分析鉴定。

5. CCPs 修正计划

当发现某一个 CCPs 超出管制标准，应有临时性修正计划，该计划包括如何使 CCPs 恢复到再管制状态以及建议在 CCPs 超出管制标准期间所生产的产品如何处理。

6. 建立资料记录和文件保存

建立所有程序的资料记录，并保存文件，以利记录、追踪。

7. HACCP 系统有效性确认

HACCP 系统有效性确认是通过对最终产品进行微生物、物理、化学及感官检测来完成的。特别是微生物检测是最为有效的确认指标，但微生物检测法通常不直接用来检测 CCPs。有效性确认可以是厂家自查或请政府检测机构来完成。

五 HACCP 体系的产生及发展历史

1. 20 世纪 60 年代

HACCP 是由美国太空总署（NASA），陆军 Natick 实验室和美国 Pillsbury 公司共同发展而成，最初是为了制造百分之百安全的太空食品。20 世纪 60 年代初期，Pillsbury 公司在为美国太空项目尽其努力提供食品期间，率先应用 HACCP 概念。Pillsbury 公司认为他们现用的质量控制技术，并不能提供充分的安全措施来防止食品生产中的污染。确保安全的唯一方法是研发一个预防性体系，防止生产过程中危害的发生。从此，Pillsbury 公司的体系作为食品安全控制最新的方法被全世界认可。但它不是零风险体系，其设计目的是为尽量减小食品安全危害。

2. 20 世纪 70 年代

HACCP 概念的雏形是 1971 年由美国国家食品保护会议上首次被提出，1973 年美国食品与药物管理局（Food and Drug Administration，FDA）首次将 HACCP 食品加工控制概念应用于罐头食品加工中，以防止腊肠毒菌感染。

3. 20 世纪 80 年代

在 1985 年，美国国家科学院（NAS）建议与食品相关之各政府机构应使用较具科学根据之 HACCP 方法于稽查工作上，并鉴于 HACCP 实施于罐头食品成功例子的经验，建议所有执法机构均应采用 HACCP 方法，对食品加工业应于强制执行。1986 年，美国国会要求美国海洋渔业服务处（NMFS）研订一套以 HACCP 为基础之水产品强制稽查制度。

4. 20 世纪 90 年代

由于 NMFS 在水产品上之执行 HACCP 之成效显著，且在各方面渐成熟下，FDA 决定将对国内及进口之水产品业者强制要求实施 HACCP，于是在 1994 年元月公布了强制水产品 HACCP 之实施草案，并且正式公布一年后才会正式实施，同时 FDA 也考虑将 HACCP 之应用更扩展到其他食品上（禽畜产品例外）。1995 年 12 月，FDA 根据"危害分析和关键控制点（HACCP）"的基本原则提出了水产品法规，FDA 所提出的水产品法规确保了鱼和鱼制品的安全加工和进口。这些法规强调水产品加工过程中的某些关键性工作，要由受过 HACCP 培训的人来完成，该人负责制定和修改 HACCP 计划，并审查各项记录。

5. 目前

美国 FDA，农业部，Department of Commerce，世界卫生组织（WHO），联合国微生物规格委员会和美国国家科学院（NAS）皆极力推荐 HACCP 为最有效的食品危害控制之方法。美国水产品的 HACCP 原则以被不少国家采纳，其中包括加拿大、冰岛、日本、泰国等。

(六) HACCP 在我国及国外食品质量安全管理中的应用

1. 国外情况

近年来 HACCP 体系已在世界各国得到了广泛的应用和发展。联合国粮农组织（FAO）和世界卫生组织（WHO）在 20 世纪 80 年代后期就大力推荐，至今不懈。1993 年 6 月食品法典委员会（FAO/WHO CAC）考虑修改《食品卫生的一般性原则》，把 HACCP 纳入该原则内。1994 北美和西南太平洋食品法典协调委员会强调了加快 HACCP 发展的必要性，将其作为食品法典在 GATT/WTO SPS 和 TBT（贸易技术壁垒）应用协议框架下取得成功的关键。FAO/WHO CAC 积极倡导各国食品工业界实施食品安全的 HACCP 体系。根据世界贸易组织（WTO）协议，FAO/WHO 食品法典委员会制定的法典规范或准则被视为衡量各国食品是否符合卫生、安全要求的尺度。另外有关食品卫生的欧盟理事会指令 93/43/EEC 要求食品工厂建立 HACCP 体系以确保食品安全的要求。在美国，FDA 在 1995 年 12 月颁布了强制性水产品 HACCP 法规，又宣布自 1997 年 12 月 18 日起所有对美出口的水产品企业都必须建立 HACCP 体系，否则其产品不得进入美国市场。FDA 鼓励并最终要求所有食品工厂都实行 HACCP 体系。另一方面，加拿大、澳大利亚、英国、日本等国也都在推广和采纳 HACCP 体系，并分别颁发了相应的法规，针对不同种类的食品分别提出了 HACCP 模式。

目前 HACCP 推广应用较好的国家有：加拿大、泰国、越南、印度、澳大利亚、新西兰、冰岛、丹麦、巴西等国，这些国家大部分是强制性推行采用 HACCP。开展 HACCP 体系的领域包括：饮用牛乳、奶油、发酵乳、乳酸菌饮料、奶酪、冰淇淋、生面条类、豆腐、鱼肉火腿、炸肉、蛋制品、沙拉类、脱水菜、调味品、蛋黄酱、盒饭、冻虾、罐头、牛肉食品、糕点类、清凉饮料、腊肠、机械分割肉、盐干肉、冻蔬菜、蜂蜜、高酸食品、肉禽类、水果汁、蔬菜汁、动物饲料等。

2. 我国 HACCP 应用情况

中国食品和水产界较早关注和引进 HACCP 质量保证方法。1991 年农业部渔业局派遣专家参加了美国 FDA、NOAA、NFI 组织的 HACCP 研讨会，1993 年国家水产品质检中心在国内成功举办了首次水产品 HACCP 培训班，介绍了 HACCP 原则、水产品质量保证技术、水产品危害及监控措施等。1996 年农业部结合水产品出口贸易形势颁布了冻虾等五项水产品行业标准，并进行了宣讲贯彻，开始了较大的规模的 HACCP 培训活动。目前国内约有 500 多家水产品出口企业获得商检 HACCP 认证。2002 年 12 月中国认证机构国家认可委员会正式启动对 HACCP 体系认证机构的认可试点工作，开始受理 HACCP 认可试点申请。

中华人民共和国国家出入境检验检疫局拟定进出口食品危险性等级分类管理方案和"危害分析和关键控制点"（HACCP）实施方案，并组织实施；食品检验监管处负责对食品生产企业的卫生和质量监督检查工作，组织实施"危害分析和关键控制点"（HACCP）管理方案。

在公共卫生领域，HACCP 体系正在得以实施。在《全国疾病预防控制机构工作规范》（2001 版）中要求各级疾控机构，指导企业自觉贯彻实施 HAC-CP，提高食品企业管理水平，减少食品加工过程中的危害因素，保证食品安全卫生。依据《食品企业通用卫生规范》以及已颁布的各类食品生产企业生产规范，参照 CAC《HACCP 系统及其应用准则》的要求，指导食品生产企业逐步实施 HACCP 管理体系。

任务八　GMP、SSOP、HACCP 体系、SRFFE 制度及 ISO 9000 质量体系之间的相互关系

（一）　基本概念

（一）　GMP

良好操作规范（Good Manufacturing Practice），一般是指规范食品加工企业硬件设施、加工工艺和卫生质量管理等的法规性文件。企业为了更好地执行 GMP 的规定，可以结合本企业的加工品种和工艺特点，在不违背法规性 GMP 的基础上制定自己的良好加工指导文件。GMP 所规定的内容，是食品加工企业必须达到的最基本的条件。

（二）　SSOP

卫生操作标准程（Sanitation Standard Operation Procedure），指企业为了达到 GMP 所规定的要求，保证所加工的食品符合卫生要求而制定的指导食品生产加工过程中如何实施清洗、消毒和卫生保持的作业指导文件。

(三) HACCP

危害分析和关键控制 (Hazard Analysis Critical Control Point)，是指导食品安全危害分析及其控制的理论体系，主要包括 7 个原理。HACCP 体系是食品加工企业应用 HACCP 原理建立的食品安全控制体系。

(四) SRFFE 制度

SRFFE 制度 (Sanitary Registration for Factories/Storehouse of Food for Export)，为我国官方出入境检验检疫机构对国内出口食品加工企业、国外输华食品加工企业实施的卫生注册登记管理制度。

(五) ISO 9000

国际标准化组织 (ISO) 制定和通过的指导各类组织建立质量管理和质量保证体系的系列标准，这些标准被统称为 ISO 9000 族标准。ISO 9000 质量体系是各类组织按照 ISO 9000 族标准建立的质量管理和质量保证体系。

二　GMP 与 SSOP 的关系

GMP 一般是指政府强制性的食品生产加工卫生法规。GMP 的规定是原则性的，包括硬件和软件两个方面，是相关食品加工企业必须达到的基本条件。SSOP 的规定是具体的，主要是指导卫生操作和卫生管理的具体实施，相当于ISO 9000 质量体系中过程控制程序中的 "作业指导书"。制定 SSOP 计划的依据是 GMP、GMP 是 SSOP 的法律基础，使企业达到 GMP 的要求，生产出安全卫生的食品是制定和执行 SSOP 的最终目的。

SSOP 指企业为了达到 GMP 所规定的要求，保证所加工的食品符合卫生要求而制定的指导食品生产加工过程中如何实施清洗、消毒和卫生保持的作业指导文件。它没有 GMP 的强制性，是企业内部的管理性文件。

三　GMP、SSOP 与 HACCP 的关系

根据 CAC/RCP1—1969, Rev. 3 (1997) 附录《HACCP 体系和应用准则》和美国 FDA 的 HACCP 体系应用指南中的论述，GMP、SSOP 是制定和实施 HACCP 计划的基础和前提。没有 GMP、SSOP，实施 HACCP 计划将成为一句空话。SSOP 计划中的某些内容也可以列入 HACCP 计划内加以重点控制。

GMP、SSOP 控制的是一般的食品卫生方面的危害，HACCP 重点控制食品安全方面的显著性的危害。仅仅满足 GMP 和 SSOP 的要求，企业要靠繁杂的、低效率和不经济的最终产品检验来减少食品安全危害给消费者带来的健康伤害（即所谓的事后检验）；而企业在满足 GMP 和 SSOP 的基础上实施 HACCP 计划，可以将显著的食品安全危害控制和消灭在加工之前或加工过程中（即所谓的事先预防）。GMP、SSOP、HACCP 的最终目的都是为了使企业具有充分、可靠的食品安全卫生质量保证体系，生产加工出安全卫生的食品，保障食品消费者的食用安全和身体健康。

（四）SRFFE 与 GMP、SSOP、HACCP 的关系

SRFFE 是我国进出口食品卫生注册登记管理制度的简称。它包含了对进出口食品加工企业实施卫生注册制度的法律依据，卫生注册登记的申请、考核、审批、发证、日常监管、复查程序，卫生注册登记代号的管理等内容。

SRFFE 中的"卫生注册登记企业的卫生要求和卫生规范"，相当于上面讲到的 GMP，是企业制定 SSOP 计划的依据。也就是说，卫生注册登记是 HACCP 的前提和基础。

SRFFE 中的食品加工企业卫生注册，包括国内注册和国外注册（对外注册）。对外注册的评审、监管依据除了包括我国规定的"卫生要求"外，主要依据进口国的强制性规定。而像美国、欧盟等国的强制性要求中就包含了实施 HACCP 计划。因此，从某种意义上说，HACCP 是 SRFFE 的组成部分。也就是说，对食品加工企业实施 HACCP 验证，是卫生注册登记的一部分，或者说是卫生注册登记的延续。

（五）SRFFE 与 ISO 9000 质量体系认证的关系

SRFFE 是指我国现行的进出口食品加工企业卫生注册登记管理制度，它规定的是进出口食品加工企业如何申请卫生注册登记，申请企业应达到什么样的条件和管理水平，出入境检验检疫机构如何接受申请、对申请企业进行评审、审批、发证、监管、年审、复查以及对卫生注册登记代号如何管理等内容。它是我国实施的强制性的政府管理制度。SRFFE 的评审、发证方是政府机构，被评审方是出口食品加工企业和有关的国外输华食品加工企业。

ISO 9000 质量体系认证是在任何组织自愿在其组织的内部按 ISO 9000 族标准建立质量管理和质量保证体系后向具有相应认证资格的机构提出申请的基础上，相关认证机构对申请人组织的审核、发证、跟踪验证等活动的总称。也

就是说认证方以相应的证书证明并保证被认证方的质量控制和质量保证过程符合 ISO 9000 族标准中的特定标准的要求所进行的申请受理、审核、跟踪验证、发证等程序。ISO 9000 质量体系认证的认证方是独立于有关各方（供方和顾客）的、专门从事审核、发证的第三方（如 CQC），被认证方是任何自愿接受认证审核的组织（工业企业、服务企业、事业单位、政府机关等）。ISO 9000 质量体系认证完全建立在自愿的基础上。

SRFFE 中的《出口食品厂、库卫生要求》和各类卫生注册规范中，均引入了 ISO 9000 质量体系的部分概念，特别是在质量文件的建立方面更是如此，出入境检验检疫机构鼓励企业按照 ISO 9000 族标准建立完善的质量管理和质量保证体系。SRFFE 强调了从环境、车间设施、加工工艺到质量管理等各方面的要求，ISO 9000 质量体系更侧重于文件化的管理，使各项工作更具严密性和可追溯性。因此，SRFFE 和 ISO 9000 质量体系认证可以相互促进。另外，SRFFE 中所涉及的文件、质量记录与 ISO 9000 质量体系中的质量文件和质量记录具有一致性，因此，出口食品卫生注册登记企业建立 ISO 9000 质量体系时，不应建立成两套相互独立的质量体系文件，而应将其建立成一个有机整体。

（六）ISO 9000 与 GMP、SSOP、HACCP 的关系

GMP 规定了食品加工企业为满足政府规定的食品卫生要求而必须达到的基本要求，包括环境要求、硬件设施要求、卫生管理要求等。在其管理要求中也对卫生管理文件、质量记录作了明确的规定，在这方面，GMP 与 ISO 9000 的要求是一致的。

SSOP 是依据 GMP 的要求而制定的卫生管理作业文件，相当于 ISO 9000 过程控制中有关清洗、消毒、卫生控制等方面的作业指导书。

HACCP 是建立在 GMP、SSOP 基础上的预防性的食品安全控制体系。HACCP 计划的目标是控制食品安全危害，它的特点是具有预防性，将安全方面的不合格因素消灭在过程之中。ISO 9000 质量体系时强调满最大限度满足顾客要求的、全面的质量管理和质量保证体系，它的特点是文件化，即所谓的"怎么做就怎么写、怎么写就怎么做"，什么都得按文件上规定的做，做了以后要留下证据。对不合格产品，它更加强调的是纠正。

从体系文件的编写上看，ISO 9000 质量体系是从上到下的编写次序，即质量手册、程序文件及其他质量文件；而 HACCP 的文件是从下而上，先有 GMP、SSOP、危害分析，最后形成一个核心产物，即 HACCP 计划。

事实上 HACCP 所控制的内容是 ISO 9000 体系中的一部分，食品安全应该

是食品加工企业 ISO 9000 质量体系所控制的质量目标之一，但是由于 ISO 9000 质量体系过于庞大，而且没有强调危害分析的过程，因此仅仅建立了 ISO 9000 质量体系的企业往往会忽略食品安全方面的预防性控制。而 HACCP 则是抓住了重点中的重点，这充分体现出了 HACCP 体系的高效率和有效性。

另外，从目前来看，HACCP 验证多数是政府强制性要求，而 ISO 9000 认证则完全是自愿行为。

参 考 文 献

[1] 吴谋成. 食品分析与感官评定. 北京：中国农业出版社，2002

[2] 穆华荣. 食品分析. 北京：化学工业出版社，2009

[3] 陈炳卿. 营养与食品卫生学学习指导. 北京：人民卫生出版社，2000

[4] 孙平. 食品分析. 北京：化学工业出版社，2005

[5] 宁正祥. 食品成分分析手册. 北京：中国轻工业出版社，2001

[6] 中国预防医学科学院标准处编. 食品卫生国家标准汇编. 北京：中国标准出版社，1989

[7] 韩雅珊. 食品化学实验指导. 北京：北京农业大学出版社，1992

[8] 杨森等编. 食品维生素基础知识、定量方法. 北京：中国环境科学出版社，1989

[9] 叶世柏等编. 食品理化检验方法指南. 北京：北京大学出版社，1991

[10] 于信令等编译. 食品添加剂检验方法. 北京：中国轻工业出版社，1992

[11] 单体奎等编. 农产品保鲜加工与贮运实用技术. 北京：中国农业科学技术出版社，2012

[12] 中国农业科学院研究生院组编. 农产品加工质量安全与 HACCP. 北京：中国农业科学技术出版社，2008